大厨必读系列

尚锦文化

重口味川菜

朱建忠/著
蔡名雄/摄影

图书在版编目（CIP）数据

重口味川菜／朱建忠著. —北京：中国纺织出版社，2015.7（2020.9重印）
（大厨必读系列）
ISBN 978-7-5180-1717-1

I. ①重… II. ①朱… III. ①川菜—菜谱 IV. ①TS972.182.71

中国版本图书馆CIP数据核字（2015）第114895号

原书名：《重口味川菜》
原作者名：朱建忠

著作权合同登记号：图字：01-2015-2545

责任编辑：范琳娜　　责任印制：王艳丽
装帧设计：水长流文化

中国纺织出版社出版发行
地址：北京市朝阳区百子湾东里A407号楼　邮政编码：100124
销售电话：010－67004422　传真：010－87155801
http: // www.c-textilep. com
E-mail: faxing@c-textilep. com
中国纺织出版社天猫旗舰店
官方微博 http: // weibo.com/2119887771
北京华联印刷有限公司印刷　各地新华书店经销
2015年7月第1版　2020年9月第9次印刷
开本：787×1092　1/16　印张：16
字数：198千字　定价：69.80元

提炼本质，总结创新

今天的中国餐饮业，正进行前所未有的市场转型，大众化成为市场的主旋律，老百姓餐饮市场成为餐饮消费的主体，可以说，在餐饮业，得百姓喜好者得天下！

在这种形势下，有一批餐饮人，勇于创新，将中国传统、丰富的烹饪文化与当今大众消费市场的主要特点相结合，立足各大菜系之根本，求新、求变，更好地满足和引领当今消费者的餐饮消费潮流。本书作者——川菜名厨朱建忠正是其中的优秀代表。

一直以来，川菜以其历史悠久、特色鲜明在中国烹饪历史中占有极其重要的地位。最近几年，更是凭借其口味鲜香厚重、原辅料多变、菜式多样、回味绵长多变、价格适中、勇于创新，在全国范围内迅速占领市场。不仅在四川本地，在全国各地都受到了广大百姓餐饮市场的追捧和喜爱。本书作者立足自身近三十年的川菜烹饪造诣，总结川菜菜系取材和制作工艺的精华，提炼本质、总结创新，将现代川菜的本质和创新的心得领会集结成书，进一步传播、发扬川菜文化。

我们常说，一个菜系的兴起，要有好的企业和好的烹饪大师作为依托，自2010年成都市被联合国教科文组织批准为“美食之都”以来，川菜产业已经成为四川省的一张文化名片，川菜产业得到飞速发展，优秀的川菜企业和川菜烹饪大师迅速成长，并辐射全国，我相信在朱建忠等一批川菜名厨、烹饪大师的共同努力下，川菜的饮食文化和制作工艺将进一步发扬光大，创新融合，深入民心，走出国门！川菜也将成为餐饮业大众化进程中的领先菜系之一！

中国饭店协会会长

韩明

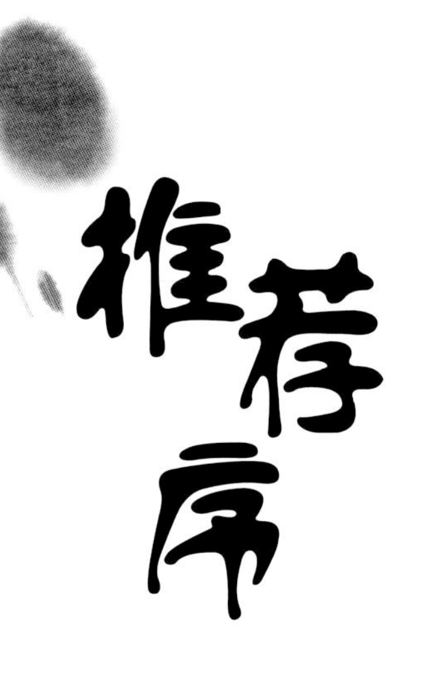

推荐序

阅读佳肴，品味好书

川菜是一个源自大移民省“四川”的菜系，因此与各大菜系间可说是同中有异、异中有同。能根据不同的环境与口味偏好做出灵活应变，这或许是川菜流行大江南北、风靡全国的关键因素。这样的异同不是刻意养成的，而是在漫长且残酷的历史洪流中形成的。在今日的四川几乎已找不到严格意义上土生土长的四川人，追溯每个人的祖辈会发现都来自四川省外、大江南北。

这样复杂的族群在历史洪流中带着各自的文化习惯、口味偏好、烹饪工艺进入了这一历史悠久、物产丰富的天府——地理上像个大锅子的四川盆地中，经过近四百年的煎煮炒炸、激荡融合，塑造出极具包容度与丰富度的四川人特质，这一特质也成就了川菜菜品的丰富度、工艺的包容度，形成一菜一格、百菜百味、丰富多彩的特点。

我曾说过，美食必须具有三性：严谨的科学性，鲜明的文化性，独特的艺术性。而好的美食书也应该符合三要素，即内容丰富、严谨有科学性，鲜明的菜系文化、风情，照片、排版、装订具有艺术性。然而放眼今日的美食书，符合这三要素的寥寥可数，特别是菜谱书，一定程度上往“流行、快速、简易、平价”的市场方向偏移，形成靠包装营销的现象，在内容、文化上就常有所不足或倾向于肤浅！

因此一本好菜谱书，或说川菜菜谱书，作者要有过硬的厨艺，这本《重口味川菜》的作者朱建忠，厨艺师承中国烹饪大师、四川儒厨舒国重大师，可说是厨艺全面、撰写严谨。在书中，作者回归本质，总结出川菜家常菜重滋味、经典菜重回味、新派菜重趣味、功夫菜重本味、江湖菜重奇味等五大特色，每一特色精选25道菜品，从材料着手，选择天然、传统的食材、调料、辅料，充分诠释川人“重视”滋味、口味的烹饪工艺与态度。细读之余更能感受到作者对每道菜的工艺、烹调心得是全面细致、不藏私，让这本书拥有丰富、严谨的内容，更具备一定的科学性。

为作者朱建忠策划出书的是赛尚图文事业有限公司（台湾），其突破传统的出版理念、策划能力、摄影水平、编辑设计能力，让此书具备鲜明的菜系风情，艺术性的图片版面，补足了我心中理想美食书的另两个要素，一本好的菜谱书《重口味川菜》由此诞生。

赛尚总编辑蔡名雄是我所认识的少数年轻、有理想的出版人，不只出版川菜书，也深入研究川菜文化、历史，更对花椒有独到研究和全面解读，让身为四川成都人的我深感佩服，在此表示感谢。

四川省美食家协会主席

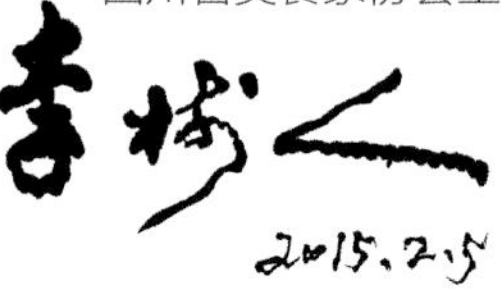

川味就是重口味

随着2010年9月首本《川味河鲜烹饪事典》（繁体版名《川味河鲜料理事典》）的发行，及2013年6月第二本《经典川菜——川味大厨20年厨艺精髓》（繁体版名《就爱川味儿》）问世之后，本以为就此可以闲下来，专注于本行的厨房管理和菜品改良的技术研发。

计划不如变化。2013年9月我出差到湖南、山东、北京、上海、杭州、广州等地考察，半个月的考察期间，同行人员在茶余饭后闲聊中，纷纷分享自己的考察感想，分析、评价、总结并提出可能的借鉴方式，这些极大触动了我。

回到成都后，我重新梳理一下自己的川菜所学，思考着如何将“一菜一格、百菜百味”的川菜特点与其他菜系的优点融合、运用或借鉴，并试着将考察所学习的经验，结合川菜烹调技法进行菜品调试。在一次新菜品调试中，有一道菜品叫“小米椒爱上小公鸡”，成菜鸡肉外表干香、内部细嫩，小米椒鲜辣味浓烈而厚重。尝几口后嘴唇跳舞、头顶冒烟，满脸通红、大汗淋漓，连鼻涕都要流下来，其中一位同事突然大喊一声“爽”！另一位同事则说了一句，真是“重口味”！听到这三个字，我茅塞顿开，终于悟到了自己一直苦苦追寻的川菜精髓！不识庐山真面目，只缘身在此山中，长期埋头于川菜研发中，未曾发现，川菜精髓早已填满我的生命。

在川西平原的成都，“重口味”一词既是褒意又是贬意。但从我的烹饪专业角度看，“重口味”一词是指不论清雅原味、咸香鲜醇、味浓酱厚或大麻大辣的菜品，掌厨者都能以严谨的态度准确呈现应有的滋味并给食客留下深刻难忘的印象。川菜就是注重口味、注重味道的菜系，“重口味”三个字，简单、明确，直入核心地道出了川菜精髓。

也因此，好长一段时间里，总觉得应该去做点什么。回顾围绕着川菜原料、味型、技法的第一、第二本书，发现自己想做的就是写一本彰显川菜注重味道的菜谱书。然后我立马将想法通过电邮告知赛尚的大雄。

很快，大雄将我的想法理成文案，经过多次交流，定下了内容大纲。在后续长达一年的外出考察学习、烹饪教学、厨房的实际工作中，我时常构思此书要带给读者哪些技巧、知识，菜肴味型、色泽、原料的取材和器皿如何呈现。因为工作的特殊性，白天除教学外，还兼顾几家酒店的管理、菜品研发，无法静下心写作，只能在晚上或节假日、出差、休息的时间进行写作。为了提高效率，我通过手写的方式每天完成一部分稿件，历时半年才全部写完。这里要感谢我的同事巫柳在工作之余帮我完成电子文稿的打字工作。

2014年7月中旬，正值成都最热的三伏天，配合大雄在成都的时间，经两三天的准备正式开始进行菜品相关拍摄工作，这是前半部分的菜品拍摄。眼看拍摄即将完成，却突然下起暴雨，持续到白天仍没有停歇的迹象，由于拍摄场地特殊，是在邮轮的三楼，加上成都连日大范围降雨，我们的工作压力也随水位的上升而升高。眼看河水就要超过警戒线，一旦超过，整艘邮轮必须马上停止接待客人，停水、停电、停气，并要撤离邮轮。我一边观察水位线状况，一边忙于菜品的制作，还要管理邮轮的厨房工作，楼上楼下跑到手脚发软。在紧张忙碌中，在电源、气源、水源切断的那一瞬间，我们终于艰辛地完成了前半部分的拍摄工作。之后的两三个月里，梳理、修改菜单文字，并于11月完成了后半部菜品的拍摄。

在此感谢“成都锦城一号邮轮”王总对我工作的支持和拍摄场地的安排；感谢成都二仙桥酒店用品市场的“凯风商行”和“汉森厨具”为本书提供餐具；感谢“成都老刘家食品公司”对我工作的支持；感谢我的家人、同事及我的徒弟们对本书出版工作的支持和帮助；感谢师父舒国重平时的教诲与关心、帮助；感谢中国饭店协会会长韩明女士、美食家李树人老先生专文推荐。

2015.02.08

Contents 目录

Contents

第三篇 家常菜 [重滋味]

第五篇 新派菜 [重趣味]

第六篇 功夫菜 [重本味]

Contents

单位换算与量器

量杯、量匙这两样烹调辅助工具源自西方烹饪，最大优点在于方便初学者快速而简单地量取所需食材的量。缺点则是不同的食材因比重不同，在量取上常会出现一种食材一种量器，或要再经过换算。

在中式烹饪里，标准做法是将各种食材的量统一以重量呈现：优点在于大量、快速操作时，不需不同食材一直更换量器，效率更高；缺点在于量取小量调味料时，对初学烹饪的人来说需要时间增进技巧熟练度。

食材的量取方式没有绝对好的方法，根据需求与习惯，喜爱美食烹饪的朋友可依需要选择量度的工具。

单位	容量	重量（水）	重量（油）	重量（面粉）
一量杯	240毫升	240克	约216克	约125克
1大匙	15毫升	15克	约14克	约7.8克
1小匙	5毫升	5克	约4.5克	约2.6克
1/2小匙	2.5毫升	2.5克	约2.2克	约1.3克
1/4小匙	1.25毫升	1.25克	约1.1克	约0.6克

油温换算

中式烹饪中，将油温从常温到最高油温分为6个等级，分别代表的温度如下：

油温一成热＝20~30℃
油温二成热＝30~60℃
油温三成热＝60~90℃
油温四成热＝120~150℃
油温五成热＝150~180℃
油温六成热＝180~210℃

1大匙＝1汤匙
1小匙＝1茶匙

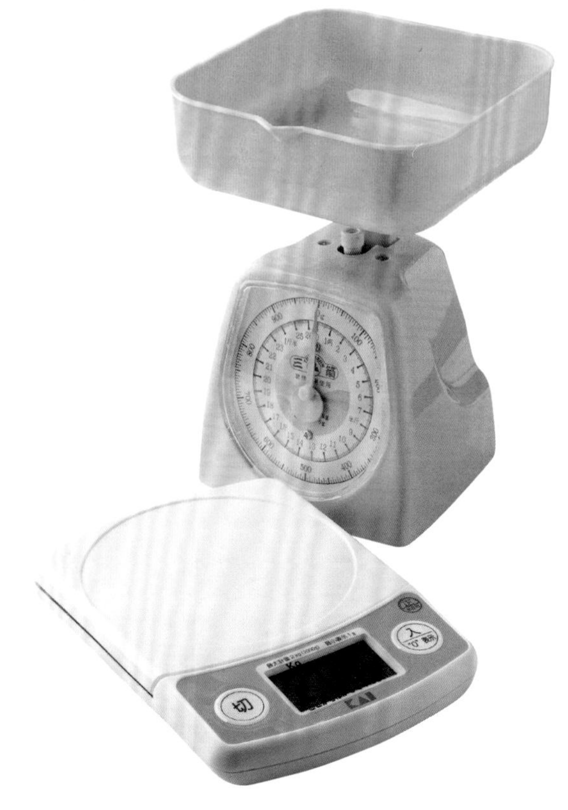

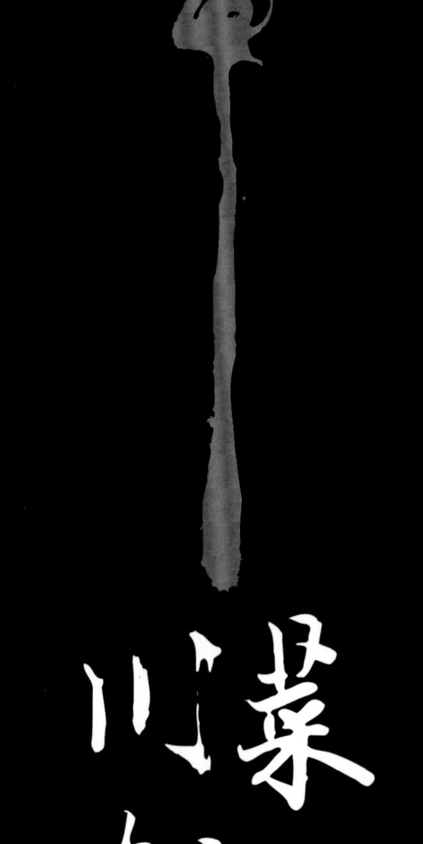

川菜味之源

第一篇

许多朋友到四川，总觉得四川人排外性低，乐于与外地人互动闲聊，就像川菜一样，能满足各种口味偏好的人们。是什们样的历史、文化、地理因素铸就巴蜀人与菜这样的多样性与包容性，或许要从遥远的年代说起！

广汉市三星堆出土文物。

川菜的源头

四川巴蜀地区是一个群山围绕的盆地，虽处于冬季会下雪的纬度上，却为北面的大山秦岭所屏障，使得四川盆地比同纬度地区温暖，加上水资源充沛、土地肥沃、无大型天然灾害，自古就物产丰富有余，加上盆地周边地形险要，使巴蜀百姓在多数的时间里过的相对稳定，拥有特色鲜明的休闲文化，而赢得天府之国的美称。

四川的独特性要从广汉三星堆遗址所展现的独特文化说起。在四千多年前，蜀地因地理的封闭性，与属于中原文化的夏商周几乎没有往来，却“突然”出现工艺程度与中原差不多，文化风格差异极大、精美而独特的文明，这独特对有些人来说是古怪。之后又在成都市发现，其历史在三星堆之后，也是“突然”出现的金沙遗址，传承同样的独特，但更加华丽，可见当时巴蜀的文明发展一点都不输中原地区。

成都金沙遗址与文物。

这一不连续的独特性，似乎在时间长河中被一无形的力量所延续着，连饮食文化都具有相同的现象，东晋・常璩《华阳国志・蜀志》就按五行八卦的论述，将巴蜀人们的特质与饮食习惯做了概括性的描述：“（蜀地）其卦值坤，故多斑彩文章。其辰值未，故尚滋味。德在少昊，故好辛香。星应舆鬼，故君子精敏，小人鬼黠。与秦同分，故多悍勇。”

大移民与川菜

川人“尚滋味，好辛香”的饮食偏好在多次战乱、移民、人事变换中，似乎也被一无形的力量所延续着，至今从未断过，只有变本加厉，更重滋味、重辛香，塑造成今日川菜的模样。在饮食的轴线上，川菜为何能满足大江南北、各种口味偏好的人们？还是从七次移民历史说起。

四川移民史要从秦灭巴蜀以后说起，为加速巴蜀地区的发展，秦朝当时半强制性的移民，超过万户人家移居入巴蜀，估计约四五万人，这是四川有史以来第一次大移民；第二次是从西晋末年开始，北方政局动荡，造成北方人口为避难而南迁，这段时间以邻近四川的陕西、甘肃移民人数最多；第三次在北宋初年，与第二次的大移民情况相似；第四次是元末明初遭蒙古、流寇等在四川地区打起拉锯战而人口锐减，移民以湖北省为主。

四川许多大城、古镇保留的会馆见证移民历史。

第五次是清朝初期的移民入川，范围广及10多个省，以湖北、湖南（属当时的“湖广行省”，管辖范围涵盖湖北南部、湖南、重庆东南部、广东北部、韶关以北一带和广西少部分地区）移民最多，时间前后100多年，总移民人数达100多万人。今天大家熟知的“湖广填四川”，指的就是明末清初这次大移民。第六次是抗日战争期间，四川因地形优势成了抗战的指挥中心与后勤补给的大后方，局势相对稳定，而吸引全国各地的百姓随着战争局势变化而入居巴蜀；第七次是20世纪末到21世纪初叶，三峡大坝的兴建，因淹没区广泛而形成大移民，此次移民有许多人选择落户四川。

经火淬炼而成的四川荥经砂锅，制作工艺承袭自秦朝，是工艺界的活化石。

从历史可看出川菜是一个源自大移民、一次次浴火重生的菜系，而与各大菜系间同中有异、异中有同的特点十分明显。

其次，长时间的融合与创新下，川菜练出了“百菜百味”的能耐，根据不同的环境与口味偏好做出弹性的应变，不变的是“尚滋味，好辛香”的精神，这或许是川菜可以流行大江南北、风靡全国的关键因素。所以川菜与川人的包容性与独特性不是刻意养成，而是在漫长且残酷的历史洪流中形成的。所以，今日的四川几乎找不到严格意义上土生土长的四川人，追溯每个人的祖辈会发现都来自四川省外、大江南北。

在“味”上作文章

大移民形成的口味多元化，从餐饮酒楼的经营角度来看，在移民占多数的四川地区开门做生意，面对的是大江南北、各式各样口味偏好的人们，肯定要求新求变来应付，加上彼此交流，工艺、滋味都在时间的累积下逐渐丰富而完善，形成今日川菜的口味在八大菜系中是最为均衡的，从极重口味、咸鲜适中到极清淡的菜品数量分布是从少到多再到少，十分符合人们在味觉上求变的需求。因此鲜、香、麻、辣、甜、苦、酸、咸，不论你来自那里，在川菜中都能找到足够多的菜品满足你的味蕾，这也是行业中常说：“川菜是渗透力最强的菜系！”的主因。

另一方面，四川地区因为地处内陆，可用食材的变化性与特殊性不如沿海地区，沿海地区拥有地上跑的、水里游的，还有汪洋大海与世界贸易都带来大量意想不到的食材。在食材上求变最明显的菜系就属粤菜，如鱼翅、鲍鱼、燕窝等名贵食材，几乎快与粤菜划上等号。川菜地区的食材种类相对少，但香料类的原料多，于是选择在“味”上作文章，形成川菜“味多味广”鲜明特色。

因此，从享受生活、享受美食的角度，川菜重视口味的精神与能耐就是能将平凡食材变成诱人的“高档”佳肴，这“高

川菜基本烹调工艺

炒、爆、煸、熘、炝、炸、炸收、煮、烫、冲、煎、锅贴、蒸、烧、焖、炖、熁、㸆、煨、烩、烤、烘、汆、拌、卤、熏、泡、渍、糟醉、糖黏、拔丝、焗、白灼、石烹、干锅、瓦缸煨、冻等。

档”需要的是烹饪工艺与调味功夫，可以化平凡为绝妙。不管历史上，还是近百年都是一个大移民省，因而川菜吸纳了大江南北的烹饪工艺与调味功夫，这是川菜与时俱进的“变”。而大环境不变的湿热、阴冷，让有史以来，“尚滋味、好辛香”的偏好一直没有变，反而改变了许许多多进入四川的外省人的口味，更有趣的是川菜烹饪及调味功夫为菜品添加的口味，让每一个来到巴蜀的人都心甘情愿的被改变！

川菜重口味的变与不变

川菜的变与不变，最鲜明的例子就在于花椒与辣椒的使用。唐朝时花椒的使用曾经普及到占据全国2/5以上的菜肴调味，整个花椒入菜的历史也长达二千年以上，算是极具中菜特色的调料。到了今日，只剩川菜地区普遍保有花椒入菜的口味爱好，这是川菜在滋味上的不变，也让花椒成为川菜独一无二的特色调料。

辣椒的传入，前后不过四百多年，食用历史还不满三百年，川菜地区时间更短，吃辣椒不满二百年！但现在的川菜却是无辣不欢，吃得比谁都凶，放开心胸大方拥抱这外来的辣椒，辣椒红成了川菜的外衣，川菜滋味的变就在于大胆而巧妙的糅和自身与外来的调料，把最本土的花椒与最特别、外来的辣椒玩在一起，玩的是千变万化，口味风格道道不同。不要误以为四川人吃得很辣，我们爱的是辣椒的煳辣香，辣只要一点点，要很舒服的辣。

重口味川菜重视的是口味，强调的是鲜、香、麻、辣、甜、咸、酸、苦、冲，味味精彩，高超工艺更涵盖大江南北的煎、煮、炒、炸、烧、炖、焖、烫、烤、炕、烙、卤、燻、腌、渍、泡。所以不论从味的广度、工艺的丰富度来看，或是源自四千多年前的口味坚持与偏好，还有大移民融合出的千菜万味，川菜可说是将中华烹饪精华融汇一地而集其大成，成为适应性最强的菜系。

川菜基本味型

一、热菜味型

01.咸鲜味
02.家常味
03.鱼香味
04.糖醋味
05.荔枝味
06.麻辣味
07.煳辣味
08.咸甜味
09.甜咸味
10.豆瓣味
11.酸辣味
12.甜味
13.姜汁味
14.糟香味
15.烟香味
16.酱香味
17.茄汁味

二、冷菜味型

01.红油味
02.姜汁味
03.蒜泥味
04.椒麻味
05.怪味
06.白油味
07.芥末味
08.麻酱味
09.麻辣味
10.椒盐味
11.糖醋味
12.酸辣味
13.陈皮味
14.五香味
15.鱼香味

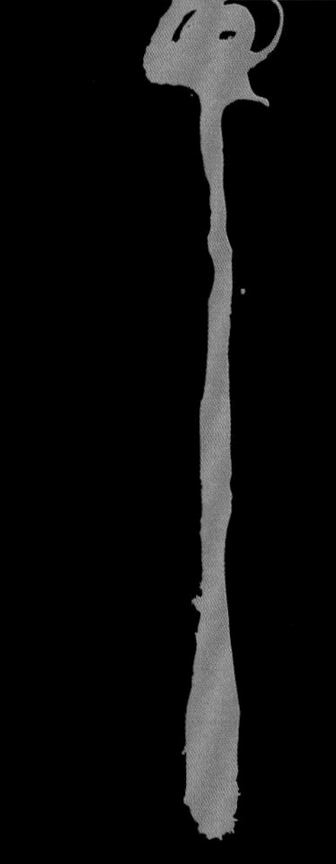

川菜味之调与料

第二篇

川菜调味用料的广泛是众所公认的，如何在众多原料中选出适当的品种？整个用，还是条、段、颗、碎、粉，哪种形式最适当？对有些原料来说选择烹调工艺就相当于选择何种味感。种种考量都是为了最后的口味是对的、是美好的，这一思路、态度就是“重口味”的表现。正确认识“重口味”的含义后，我们要学会的第一堂课就是懂“味”，懂各种原料的原味、本味，这里从七种基本味切入，用不同的角度认识川菜特色原材料、调辅料及其在菜肴中的角色，还有烹饪工艺的运用与影响。从味的源头认识起，才能真正懂得菜肴口味如何，才有能力重视口味，做出口味好的菜品。

说到调味，在食品加工发达的今日，各式各样的复合调味料琳琅满目，多到不知该如何选择，更有许多调好味的酱汁可用，又似乎让做菜调味变得很简单！真是如此吗？真相是为了方便，我们放任味觉被各式人工合成或萃取的食品添加剂所调制的调味料、酱汁欺骗，甚至绑架而忘了什么是真滋味，不论是食材或是调辅料！

调味首重鲜香味

究竟现代工业调制生产的复合调味料的角色应该如何定位？我认为应该作为天然调辅料有所不足时的一个微调的角色，只要不将调制生产的复合调味料当主角，就不会离食物原味太远，而且吃的相对天然、健康。

在行业中经常听到老一辈的师傅们说：唱戏的腔、厨师的汤。在当时，厨师们多用鸡、鸭、鱼、肉、海鲜、菌类等天然原料熬汤来增补菜肴中的鲜味。这是因为动植物原料在高温熬煮的过程中会释放出大量的蛋白质、脂肪、胶原蛋白等营养成分在汤中，食材里有些成分会转化为现今大家都知道的“味精”成分。

想想，就算没有这么多复合调味料，川菜调味一样很简单，只需要掌握“鲜与香”。一是食材鲜，在以前没有冰箱可以保鲜的时代，人人都晓得这很重要，今天还是美食佳肴的第一要素。如豌豆尖，在四川的冬季才出产，也是川菜中的特色原料之一，只要新鲜，无论清炒或者煮汤，简单加点川盐，成菜后都能尝到豌豆尖的清新鲜香味。

其次就是将鲜香味丰富的辅料一起入菜烹煮提鲜，如香菇、松茸、茶树菇等菌类，还有海鲜中的干货如虾干、鱼干、干贝。要注意的是提鲜味的干制食材多需要提前泡制、氽水、浸泡等流程去除其本身多余或不需要的味道。这些干制辅料熬汤后也有鲜香味，一样能体现独特的鲜香。

再来就是透过熬煮、炼制、酿制等相对天然的工艺把食材的鲜香味提取出或转化出，于烹调时加入菜肴一起烹煮。这也是相对多样的调味方式，掌握工艺甚至能做出独特风格。常见的就是鸡高汤、猪棒骨高汤，特别一点就是作为卤水、卤油来提味增鲜出香。如用鸡高汤煮时蔬，只要在鸡汤中调入少量的川盐，就品出鸡肉的鲜味和蔬菜的清鲜味；用浓浓的猪棒骨高汤烧什锦，那骨髓、骨油的鲜香将所有食材很好的融合在一起并提味出鲜。功夫菜的代表“开水白菜”品的就是高级清汤里鸡肉的鲜和猪肉的香；当然，少不了鱼鲜，只要用烧热的猪油把鱼头、鱼骨煎得金黄而香，加水大火熬煮30分钟后，汤色乳白、味道鲜美，不论是直接做汤还是调味都是绝美鲜滋味！

掌握了鲜香味的调制，就能掌握川菜基本口味重点，也就能简单分辨餐馆酒楼的菜品有没有及格，一道菜上来若是没有鲜香感，肯定在烹调过程中有不到位的问题。当然这只是粗浅的一个辨别方式，真要说出好坏或做出好菜，还得再认识七种基本味在川菜中的特点。

川菜调味用料的广泛是众所公认的，如何在众多原料中选出适当的品种？整个用，还是条、段、颗、碎、粉，哪种形式最适当？对有些原料来说选择烹调工艺就相当于选择何种味感。种种考量都是为了最后的口味是对的、是美好的，这一思路、态度就是“重口味”的表现。正确认识“重口味”的含义后，我们要学会的第一堂课就是懂“味”，懂各种原料的原味、本味，这里从七种基本味切入，从不同的角度认识川菜特色原材料、调辅料及其在菜肴中的角色，还有烹饪工艺的运用与影响。从味的源头认识起，才能真正懂得菜肴真实的口味为何，才有能力重视口味，做出口味好的菜品。

百味基础是咸味

咸味的代表性原料是盐，提供纯粹的咸味。咸味是所有菜肴滋味的基础，其他各式各样的味都是在此基础上展现的。传统上有一说法“咸鱼淡鸡”正好呼应此一论点，说的是烹调鱼的时候，调入的咸味一定要足够，否则体现不了鱼的鲜味，咸味不足腥味也会变明显；炖鸡汤的时候，咸味过多，鸡汤的咸味容易突出，鸡本身的鲜味会被压下去。

又比如在炒带叶新鲜蔬菜时，过早调入盐，炒制出来的蔬菜色泽不够翠绿、容易出水，失去清香鲜美的滋味。由此可知，咸味在菜肴的滋味中虽是基础，角色却是关键，是多数人忽略的关键，用量一定要适量得体，口味才能给人满足感。

四川是井盐大省，最大特点是咸味醇厚不死咸、不刺喉，市场上多称之为川盐，更是川菜滋味的关键。川菜中属于咸味的调味料还有郫县豆瓣、泡酸菜、泡辣椒、酸萝卜、香辣酱、火锅底料等等。

川菜烹调过程中，多数咸味调味料不宜过早调入，其口味会因烹调时间过长而不稳定。其次，使用川盐时锅内温度不宜太高，温度过高川盐容易变质、变味。

食材本色是鲜味

鲜味在川菜中占有极为重要的分量，鲜味离不开食材本身及其质量，且菜肴少了鲜味，所有滋味就都不美了。

鲜味可分为食材本身质地的鲜味，这是最重要的，及外加调味的鲜味。如果食材本身的鲜味出现问题，烹调过程中，味道调理得再好也不好吃，特别是咸鲜味的菜肴。如"白果炖鸡"，主食材鸡肉出现异味，最后成菜汤品中也一定会有异味。所以食材本身的质地够鲜美，在后期烹调中提鲜的复杂性就降低了，很容易品尝到食材的鲜味。

正宗川菜所用的外加调味的鲜是用各种高汤及各式干货如火腿、干贝、虾米、淡菜等。鲜味相关说明在前面章节有完整说明。

这里谈谈现今市场上的主流鲜味调味料味精、鸡粉、鸡汁等的使用原则，最基本的就是当作辅助性调味，因工业纯化提取的鲜味调味料使调味变得简单方便，过度依赖对美食爱好者来说却是让美味变单调，且纯化的另一问题就是在使用时须更谨慎。

因此菜肴中使用的工业纯化提取鲜味调味品，大多不宜在高温下烹调，会破坏其结构，不只影响菜肴本身的鲜味，还会转变为有害成分。

若是使用粉状的调味品一般在菜肴快出锅的时候放，在高温时或过早加入烹煮，会影响主食材原本的鲜味。液体的增鲜提味调味品一般用于汤品或带汁的菜品，调味时火力过大也容易焦煳，产生焦味。

开胃爽口是酸味

酸味食材在川菜中有两大类，分别是泡

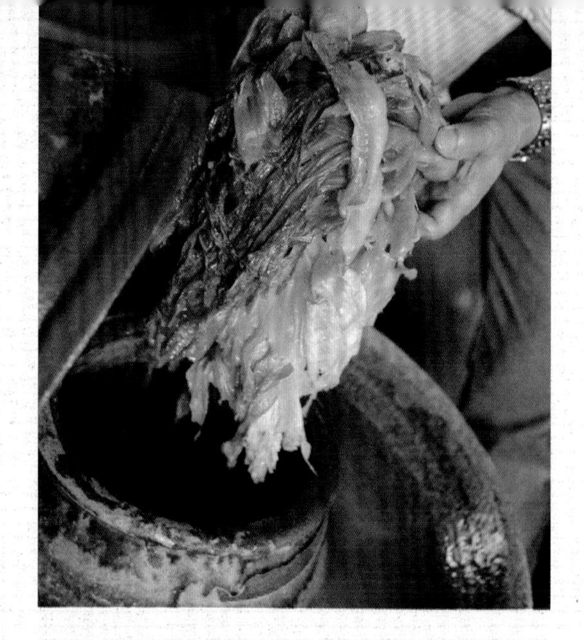

菜及醋。酸味在川菜里主要是增加酸香味并起开胃与抑制腥异味的作用，其次在麻辣味型的菜肴中可以缓解菜肴入口时的麻辣感程度，其三就是俗话说的酸辣开胃，酸香味可以勾起人的食欲，挑动食客的味蕾。

川菜中常用的酸味食材有四川泡酸菜、酸萝卜、山西老陈醋、阆中保宁醋、大红浙醋、恒顺香醋、青岛米醋、白醋等。

其中四川独有的酸味食材要属四川泡酸菜、酸萝卜，是在泡菜坛内隔绝空气泡制，经180天以上的自然乳酸发酵而成。用其调味成菜，酸香味浓厚、开胃爽口。一般来说泡酸菜、酸萝卜经过刀工处理后，入锅炒至香后加汤煮开，小火慢慢炖3小时以上酸香味才更加浓厚，名菜有酸菜鱼、酸萝卜老鸭汤等。

醋在川菜中可以单独调味成菜，也可以融合糖、辣椒成菜，风味不拘一格。

烹煮带醋酸味的菜肴时应选用纯酿造醋，用量不宜过多，且避免烹调中过早调入，热度会使酸香味挥发变淡，恰到好处方能体现酸香的特点，用量过多酸度过高则影响成菜的口味均衡及风格，且主食材可能被酸味破坏质感。

好恶分明是苦味

菜肴中的苦味主要来自于食材自身的苦味。苦味对多数人来说是不舒服的滋味，也是好恶分明的滋味。在川菜中常见的食材有苦瓜、藿香、藠头和很多其他蔬菜，苦而回甘，多数蔬菜的苦味都微乎其微，营造的味感是爽口解腻，成为巴蜀饮食习惯中“清口菜”常见的主食材。

如果苦味来源于食材自身以外的调辅料，多数的香料都带苦味，用量过多就会影响成菜的风味。

最具代表性的苦味食材苦瓜，可以干煸、清炒、炖汤、榨汁等形式成菜。这类菜肴不宜加热烹煮太久，会影响成菜苦而回甘的独特味感浓度。

苦味的应用原则在于妥善控制食材自身的苦味程度，原料的新鲜程度决定苦味的回甘程度。

奇香快感是麻味

花椒是所有香料中唯一具有明显麻味的香料，因川菜重用花椒，使得花椒给人的印象几乎等同于川菜。麻味实际上不是一种味觉而是感觉，在菜肴中一般不会单独成菜，经常与辣椒结为伴侣成菜，花椒经过加热后除了麻之外更有一股特殊麻香味。

麻味的源头——花椒，分为鲜青花椒、鲜红花椒、干青花椒粒、干红花椒粒，形态则有青、红花椒粉，青、红花椒油等。

青花椒麻香味属于带柠檬味的清爽芳香，麻感明显。红花椒的麻香味则是带柑橘味的熟甜香，麻感细致而悠长。

川味名菜中，像水煮牛肉要选用麻度高、带点苦香味的大红袍干红花椒与干辣椒的辣香相结合，其中的苦香味还能抑制油腻感，成菜麻辣鲜香、滑嫩爽口、回味悠长。宫保鸡丁则选用甜香味较明显的南路干红花椒配干辣椒段，在油锅中加热后会产生迷人的煳辣香味。

无论是鲜花椒、花椒粉、花椒粒、花椒油，在川菜的应用都相当广泛。川味凉菜中用花椒粉、花椒油居多，如麻辣口水鸡、夫妻肺片等。热菜中使用鲜花椒、花椒粒、花椒油较为广泛，如毛血旺、水煮鱼等。

花椒的使用与油温火候有很大的关系，许多省外厨师就是抓不住这关键。像名川菜中的香辣味菜肴香辣黄腊丁、沸腾鱼等之所以能香气逼人，关键就在于干辣椒、干花椒需在油温达到150~180℃时放入锅中，以中火炒制大约5~10秒钟，让麻辣香味完全释放出来。油温过低、火力过小，辣椒和花椒的香味不易完全释放，成菜麻香味不足。油温过高、火力过大，辣椒和花椒的香味会发苦且色泽变黑，影响成菜味道和美观。

色艳刺激是辣味

辣味可以分为鲜辣味、香辣味、酸辣味、辛辣味等。辣味主要来自于辣椒所含的辣椒素，能刺激食欲。辣味调辅料可以单独

调味，也可以与花椒一起混合使用，辣香味更加独特。

辣味食材的选用须按味型选择，鲜辣味主要用鲜青红小米辣、鲜青红二荆条的鲜辣；香辣味则是用干辣椒、香辣酱、火锅底料的辣；酸辣味关键在泡辣椒、泡姜、野山椒、黄灯笼辣椒酱、剁椒、酱椒的辣味；辛辣味主要体现在生姜、仔姜、胡椒的辣味。

辣味的应用应根据成菜的特点而定，辣味来源不一样，投放的时间、先后顺序、烹调时间的长短也不一样。如辣椒又分干辣椒、鲜辣椒、泡辣椒、辣椒粉、糍粑辣椒、熟油辣椒、刀口辣椒等，它们的辣味香气都不一样。不同的辣椒品种、产地，成菜的辣味程度也不一样，如七星椒、朝天椒、小米辣、新一代、二荆条、纵椒、子弹头。

在烹调时，鲜辣味的各种辣椒，一般都是快成菜时调入，辣椒的鲜辣、清香味比较醇厚、独特。过早加入鲜辣椒，色泽不鲜艳，辣味还会过猛，一般食客的味蕾接受不了。名菜如盐帮菜的鲜锅兔、仔姜蛙、过水鱼等。

香辣味的辣味在成菜过程中需注意火候、油温。干辣椒在油温达到150~180℃，中火时下锅，香辣味更具特色。火力过大、油温过高很容易将辣椒炸煳、炸焦而影响成菜特点；火力过小、油温太低，干辣椒炒制时间过久，炒不出辣香味。

酸辣味主要与泡制品调料的腌制周期、制作工艺、泡制食材品种有关。制作流程及工艺不一样，成品的酸、辣、香、味都有很大区别。辛辣味的调料大多以末、丝、粉状作为调味料使用，这种辣味在菜肴中主要是提鲜、增香。

诱人第一是香味

香味在菜肴中主要起到刺激嗅觉、食欲的作用，对特别喜爱吃香香的巴蜀好吃嘴，任何一道菜品，如果失去了香味肯定就失去成为美食的资格了。美食界多从色、香、味、型、器、养、史等方面探讨一道菜肴的成菜特点，可见香味在菜肴特点中的重要性。俗话说：闻香止步，垂涎三尺。菜肴中的香味主要来自于香料、食材自身的香味加上调味料的香味。

川菜烹调中有“无鸡不鲜、无鸭不香、无肘不浓、无肚不白”的说法。

香味的产生，香料常是重点，常见的有八角、香叶、草果、桂皮、丁香、小茴、香草、香果、白芷等。按照不同的比例，烹调后可以产生出不同的香味。用量不同，产生的香味区别也很大。

食材自身的香味，需要在烹调过程中经

过适当的加热时间才会释放出来，如果烹调时间不够。成菜后香味浓度不够，菜肴的香味与食材的热度、温度有很大的关系。

调味料也是部分香味的来源，但并非调味料用量多就更香，应掌握一个适当的量化标准。常见的情况如花椒油用量过多会产生苦味和异味，用量过少会明显感觉香味寡薄。烹调中温度过高也容易影响调味料香味的变化。必须掌握各种原料自身的特点及习性，才能有效发挥香味。

愉悦相融是甜味

川菜里的甜味应用主要是增加菜肴的甜香味。甜味的主要调料有白糖、冰糖、红糖、蜂蜜等。另一个则是食材自身的甜份，如香蕉、苹果、西瓜、哈密瓜、葡萄干、梨等。

甜味调味料有块、粉末、液体等。根据成菜特点的要求，甜味调料的加工方法、运用、用量、浓稠度都会受影响。

重用甜味可做成甜香型的菜肴，如拔丝苹果、甜烧白、银耳羹等菜品。巧用甜味则能在菜肴中起和味、调和的作用，如鱼香肉丝、宫保鸡丁、麻辣牛肉干、锅巴肉片等菜肴，甜味就是起到调和、综合其他调料的作用，让味道互补，使成菜口味更加精致。

此外，凉菜中使用粉状、液体的甜味调味料较多。热菜则以粒状、粉状的甜味调味料较多。

特色食材

川盐

川盐指的是四川盐井汲出的盐卤所煮制的盐，主要成份除氯化钠外，还有多种微量成份，是成就川盐咸味醇和、回味微甘之独特风味的主因，是正宗川菜烹调的必备调味品。

郫县豆瓣

郫县豆瓣酱是用发酵后的干胡豆瓣和鲜红的二荆条辣椒剁细，经过晾晒、发酵而成的一种调味料。红褐色、略油润有光泽、有独特的酱酯香和辣香、味鲜辣、瓣粒酥脆化渣、黏稠适度、回味悠长。从酿制工艺来看，郫县豆瓣分成太阳晒和不晒两种。太阳晒过的叫晒瓣，晒瓣的成品要相对浓黑，香气也较浓些。不晒的郫县豆瓣颜色浓而不黑，香气略少于晒瓣。正常酿制的成品水份很少。味道、咸度、口感等不能有过于浓、咸、硬或烂的现象。

豆豉

豆豉以其颗粒松散、色泽光亮、清香鲜美、滋润化渣、酱香回甜而著称，是川菜家常菜肴中使用较为广泛的调味品之一，根据颜色可分为黑豆豉、黄豆豉，根据成品的风格特点可分为干豆豉、湿豆豉、红薯豆豉和水豆豉。在四川，因地域气候的差异而成形的豆豉也各不相同，如重庆的永川豆豉、成都的太和豆豉、新津豆豉等品牌为上品。

陈醋

陈醋一般指的是山西产的，属于醋的一种。颜色浅黑色，酸味持久，香气浓厚。多应用于热菜或凉菜汤料的熬制。加热后酸香味更香醇。

香醋

一般指的是恒顺香醋。色泽比陈醋淡，酸味低，香气浓厚，多用于凉菜。

干南路红花椒

此种花椒色如鲜牛肉的红褐色，油润、无籽、粒大，麻度细致而强，甜香味明显，木质柑橘味浓郁的为上等品。四川汉源、越西的南路贡椒最为有名。

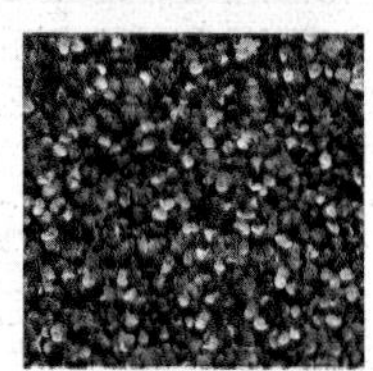

干西路红花椒

此种花椒色泽红亮而油润、肉厚、无籽、粒大、麻度足，木质柚香味浓厚而强烈为上等品。四川茂县的大红袍花椒最为有名。

干青花椒

四川、云南均产。表皮色泽嫩绿或浓绿、油润，肉厚、无籽、粒大、麻度足者，草本柠檬味丰厚悠长的为佳品。四川以金阳青花椒、九叶青花椒最为有名。

保鲜青花椒

保鲜青花椒是选用七至八成熟的新鲜果实加以急速冷冻保鲜而成。其色泽碧绿、麻味清香。近十多年在川菜中使用广泛，对开发新的菜肴味型起着很大的作用。麻度次于干的青、红花椒。在成菜中口味清香、碧绿，常能为食客带来食欲。

红小米辣椒

色泽红亮、个小、鲜辣味芳香而浓重。近年来在川菜中使用较为广泛。

青小米辣椒

色泽碧绿、个小、鲜辣味次于红小米辣椒。在菜肴中搭配使用，成菜色泽鲜明。

红二荆条辣椒

体形细长、均匀，肉嫩厚实而红亮，质地细，辣味浓而芳香。主要产于每年的夏季。是四川辣椒中的著名品种。主要可制作干二荆条辣椒，还用于豆瓣酱和泡红辣椒制作。

青二荆条辣椒

体形细长、均匀，肉嫩厚实而翠绿，质地细，辣味浓而芳香。主要产于每年的夏季。

折耳根

折耳根又名鱼腥草、猪鼻拱，常食有健脾、开胃、助消化之功效。其多生长在田埂边等较为潮湿的地方，主产于春夏之季，每逢万物复苏，春耕来临之际，吃折耳根的时节就到了。

毛芋儿

毛芋儿是芋头的一种，又叫芋艿，口感兼具甜、糯、滑，色、香、味俱佳，川人特别偏爱。

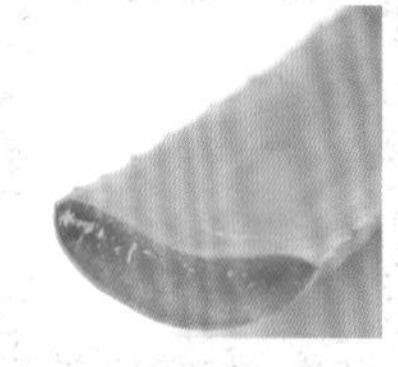

芦荟

芦荟肉口感滑而脆，带清香气，也是一种民间药草，外用对于烫伤、刀伤、蚊虫叮咬有一定作用。

有机豆

有机豆是有机干黄豆经冷水完全涨发后孵出0.5厘米长嫩芽的黄豆，成菜入口有黄豆香味，口感劲道而脆爽。

白果

白果即银杏树秋季所结的果实，学名银杏，四川的白果以青城山的为佳品，果实饱满，黄亮体透。

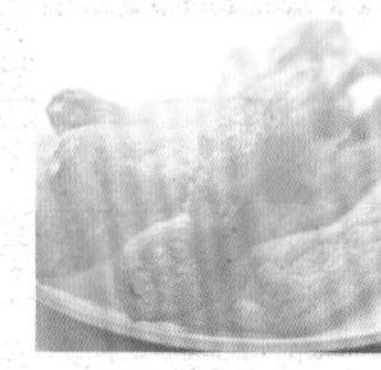

竹荪

竹荪乃山珍之精品，主产于四川、云南、贵州，生长在潮湿的竹林地，分长裙竹荪和短裙竹荪两种。

花菇

花菇肉厚且鲜香味浓郁，口感嫩而筋道，十分美味。

杏鲍菇

杏鲍菇是一种菌类，具有淡淡杏仁香与类似鲍鱼口感而得名。近年人工栽培成功，市场上常见。

小香菇

个头与小拇指大小相当，香味浓郁，小香菇目前仍种在高山，因存储和运输不方便，市场上几乎见不到鲜品，一般都是干品。

巴山豆

巴山豆是大巴山上出产的大黑豆，通常生长在阳光日照充分、土壤肥沃的山区。外观扁平而椭圆，外皮黑、红、紫相间，豆瓣肉黄白而细嫩。

雅鱼

雅鱼为雅安市特产，又名丙穴鱼、嘉鱼，学名裂腹鱼，有齐口和重口之分，其鱼肉细嫩而鲜美，深受广大食客喜爱。

鱼泡

鱼泡即各种鱼类的气囊，鱼能在水中自由升降主要靠气囊的扩张和收缩。有鳞鱼的鱼泡比较薄，无鳞鱼的鱼泡肉厚实，在烹制成菜后入口香糯，口感润滑鲜美。

九肚鱼

九肚鱼学名叫龙头鱼，肉质极为细嫩，属狗母鱼科，又名狗母鱼、虾潺、豆腐鱼等。

爬爬虾

爬爬虾又称皮皮虾，肉质结实，别名琵琶虾、虾爬子、螳螂虾。

猪爽肉

猪爽肉又称松阪肉，位于猪颈两边，肉质鲜嫩，入口爽滑，口劲适中。

掌中宝

掌中宝即鸡脚掌中的脆骨，人们多喜欢炸酥脆后做菜，凉菜、烧烤、砂锅酱爆等形式也常见。

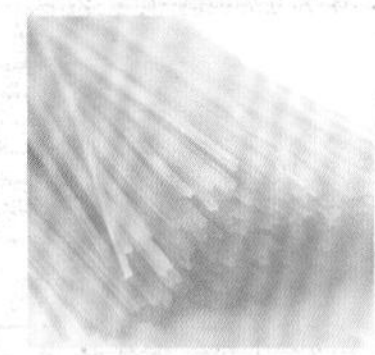

水晶粉丝

水晶粉丝是用土豆淀粉制作的粉丝、粉条，晶莹剔透，经温水浸泡涨发后，可以炒、烧、涮、炖等方式成菜。

十三香

一种香料粉，因为用八角、草果、香叶、小茴香、山奈、桂皮等十几种香料磨成的粉状混合在一起而得名。

泡酸菜

采用每年春季大量上市的青芥菜，经处理干净后晾干水气，入装有盐水的坛内，加盖密封浸渍至熟透。成形后色泽黄亮、酸香开胃、入口脆爽。可以单独成菜或作调味料。

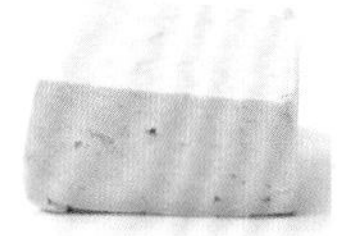

老豆腐

老豆腐是川厨业内对胆水豆腐的一种俗称。豆腐分为老豆腐、嫩豆腐、内酯豆腐等。嫩豆腐是用石膏作为凝固剂制成的一种豆腐；内酯豆腐是用内酯（葡萄糖酸内酯）作为凝固剂制作成的一种豆腐；胆水豆腐以盐卤为凝固剂，也称盐卤（主要成分氯化镁）老豆腐，其好坏关键在于豆浆的浓度、胆水的浓度、制作豆腐时的温度等。

豆花

豆花以黄豆为原料，将黄豆涨发后，磨成豆浆，加热后用胆水或石膏作为凝固剂，慢慢将豆浆变成一种白色棉花状的固体，再轻轻压紧收缩制成豆花。豆花绵而不老，嫩而不溏，洁白如雪，清香味悠长。西南地区以四川自贡的富顺豆花和重庆的河水豆花比较出名。

泡海椒

又称泡辣椒、鱼辣子，以色泽红亮、肉厚、无空壳、酸辣味浓厚的为上品，在菜肴中主要起增色、调味的作用。上世纪90年代末风靡大江南北的泡椒墨鱼仔，最主要的调味品就是泡椒。从品种上分泡二荆条、泡子弹头、泡小米辣、泡野山椒等，成菜后口味也各具特色。

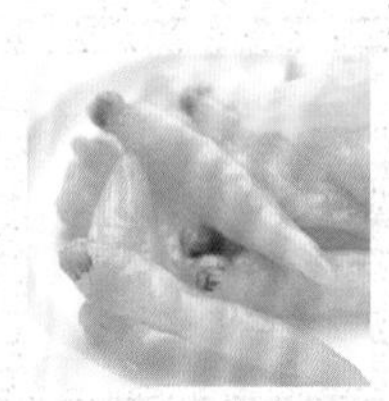

泡野山椒

野山椒属于云南特产，未经泡制的野山椒，辣味极浓，经过泡制后，浓辣转为醇辣带酸香气，色泽黄亮、酸辣爽口。在川菜中习惯用泡制的野山椒，市场上有瓶装出售。

腌菜

用四川的青芥菜（每年春天所产的最佳、质量最好），处理干净后放于通风处晾干，至菜叶发焉，菜梗的水气完全脱干，再用清水处理治净后，用川盐拌匀装入坛子内密封保存发酵而成。

盐白菜

盐白菜是重庆的特色食材，口感脆爽，有浓郁的酱香味。将脱好水的白菜入坛子，撒上盐，拌上十多种香料，再用豆豉覆盖，腌渍6个月而成。

第三篇

川菜王国里，说百菜百味源自家常菜一点都不为过！天府四川自古以来物产丰饶，让川人们不愁吃，也更愿意花时间在吃上面。因此许多四川名菜都属于家常菜，如回锅肉、鱼香肉丝、干煸四季豆、麻婆豆腐、蒜泥白肉、韭黄肉丝、粉蒸牛肉等，这些菜肴成为名菜的关键就在于“滋味”，简单而回味无穷。也唯有重滋味，家常菜才能把简单的滋味做出无穷的回味！

家常菜

[重滋味]

在农村的厨房，一到做饭时常是烟雾弥漫，这正好是熏制老腊肉的绝佳环境。

四川因气候、地理条件极佳，许多农作物可说是种下去就等着收成，悠闲的生活催生了历史最悠久的茶文化。

家常菜特点

滋味第一，百吃不厌家常菜

四川因气候、地理条件极佳，许多农作物可说是种下去就等着收成，人闲了就会想变花样。四川地区虽物产丰富，但在看天吃饭的农业时代，获取的食材还是受限于季节与所住环境，常常一样食材要连着吃上半个月一个月，想变花样、百吃不厌，只有在滋味上作文章。这四川盆地还有一特点，就是低洼潮湿，加上雨水较多，长期下来体内湿气重，感觉很不舒服。受环境的影响，在日常饮食方面，巴蜀地区就与其他地区不太一样，百姓饭桌上的家常小炒菜肴，特别喜欢多多少少在菜肴里面放花椒或与辣椒有关的调味料，用来提味并去除体内湿气。

一般四川百姓家庭有的调辅料就是常见的那几样，糖、盐、醋、郫县豆瓣、酱油、豆豉，姜、葱、蒜、辣椒、花椒等，但人们却热衷于发挥创造力，想方设法在比例上、工艺上烹煮出最多样的滋味。在这基础上，源自家庭的百姓菜经餐馆酒楼大厨的借鉴与完善后，许多菜从家庭餐桌走上餐馆酒楼的席桌，成为川菜体系里拥有最大群众市场的家常菜类别。

综合百姓家常菜与餐馆家常味菜肴，共同的特点是成菜色泽红亮，家常风味浓厚，咸鲜醇香，微辣而不燥。进而在川菜中形成一种特有味型——家常味，同时家常味也常用于形容川菜餐饮市场的一种特色、风情。川菜餐馆酒楼里的家常菜成了百姓下饭首选菜肴，百吃不厌，自然拥有最大群众市场。

四川百姓家常必备的豆瓣酱。

家常菜，家常却不寻常

家常菜虽然滋味摆第一，但这滋味并不只限于调味料，也包含食材的原味。因此，在烹调家常菜时，成菜后要香气温和却不寡淡，微辣而不显燥辣，还能吃出食材原料的清香或鲜甜。

细说一下家常菜的滋味特点——咸鲜醇香，微辣而不燥。主要在于家常菜的调味只使用少量的郫县豆瓣、姜、蒜及花椒、辣椒，这少量是相对其他类型的川菜而言，一般百姓家庭基于不浪费原则，调辅料的使用相当节制，延续至今反而是一大特点。调辅料用量小却要烹调出饱满的滋味，关键就在烹调时先用油将调辅辅料炒香，从而引出调辅料最饱满的滋味、香气，再进一步使滋味、香味融入到主料食材当中，这样成菜滋味满满，是极为下饭的。即使在酒楼，菜肴一上桌热气腾腾、香味四溢，每一口都是咸鲜醇香，家常风味浓厚，微辣不燥，让人食欲旺盛，恍惚间有一种在家吃饭的轻松感，甚而会有母亲的味道。这滋味在餐桌上常是“不亮也光”，不是亮点也肯定吃光光！

川人爱吃香香，从市场摊上多样而大量的香料就可看出。

大部分家常菜的成菜色泽、形状，不论过去还是现在，都相对平凡、简单且随意性强，烹调工艺上多以小煎、小炒、烧、烩、蒸等方式成菜，对多数厨师而言，相对易于烹调操作，盛盘时随意性很强，常以风格纯朴的小盘、小盆、土碗、小碟等餐具装盘成菜，这不拘一格的特点，恰好再次突显家常风情。

家常味菜肴是百姓下饭首选菜肴，百吃不厌，也常用于形容川菜餐饮市场的一种特色、风情。

由此可见家常菜的不寻常处就是在平凡的外表下，用滋味强力诱惑你我的嗅觉、味觉和食欲。

01.

入口鲜香，鲜辣中麻香味十足

重口味仔兔

味型：麻辣味　**烹饪工艺：**炒

原料： 去皮兔1/4只（约300克），红小米辣椒颗粒50克，青二荆条辣椒颗粒100克，老姜小方丁25克 ，蒜粒35克 ，大葱颗粒20克 ，干青花椒20克，土豆100克，郫县豆瓣20克

调味料： 川盐1/4小匙，料酒2大匙，酱油2小匙，白糖1/2小匙，味精1大匙，花椒油2小匙，香油1大匙，复制老油3大匙（见253页），色拉油适量

·烹调制法·

1 兔肉洗干净，斩成1.5厘米见方的丁，用川盐、料酒、酱油码味备用。土豆去皮切成小一字条，备用。

2 取干净炒锅上火，倒入色拉油至七分满左右，开大火烧至约五成热。下土豆条入油锅中，炸至外表酥脆且熟透，以漏勺捞出锅，沥油后铺垫在盘底。

3 大火将油温加热到五成热，下兔肉入锅滑散至熟透后，以漏勺捞出锅，沥油备用。

4 另取炒锅上火，倒入复制老油以大火烧至四成热，下入郫县豆瓣、干青花椒、老姜小方丁、蒜粒、大葱颗粒、红小米辣椒颗粒炒香出色。

5 放入兔肉、青二荆条辣椒颗粒一起炒香。用川盐、料酒、白糖、味精、花椒油、香油调味，炒匀后出锅，盛入铺有酥脆土豆条的菜盘上即成。

【大厨经验秘诀】

❶ 兔肉的刀工处理非常重要，兔肉块过大则不容易在炒透的同时炒香，过小则容易肉炒透了肉香还没炒出来，且会影响成菜的美观。

❷ 兔肉滑油的油温及火候大小需小心控制。油温过低时兔肉容易粘锅，且会出现肉质过老的情况。油温过高则兔肉易炸焦，影响成菜色泽和口感。

❸ 一定要将小米辣椒颗粒、青二荆条辣椒颗粒、花椒的香味充分炒香，确保在将兔肉入锅同炒时把香味完全融入到肉里，才能达到成菜鲜辣麻香的特点。

▶ **菜品变化：** 青椒口味鱼，青椒口味鸭，青椒口味排骨

川人将一只兔子从头吃到脚，从外吃到内，花样繁多、无奇不有，可谓情有独钟。兔肉的口感很好，却不受其他菜系的喜爱！原因除了地区性的饮食偏好外，关键就在于兔肉本身没什么“肉味”，因此烹调时需要烹入相对厚、重的味，这调味功夫恰好是川菜看家本领，也就出现川菜多兔肴，也多以重口味烹煮的状况。

说起四川人对兔肉的爱好可从数字上强烈的感受到。四川是养肉兔的大省，一年近5亿只，但自个儿不够吃，每年需再从省外输入2000万~3000万只肉兔，估计一个四川省的兔肉需求就占了全国兔肉市场的60%左右！

酸辣豆花是四川普遍而受欢迎的小吃，这道酸溜溜豆花就是街头大众小吃的升级版。

四川地区，豆花是家家户户都会做的食物，多使用盐卤或石膏卤制作，较有名气的豆花美食如小吃类的酸辣豆花，属于家常菜的自贡富顺豆花、泸州荤豆花、重庆河水豆花……品种繁多。豆花不仅是一种老少皆宜的美味食材，通过大厨的工艺加工，摇身一变，就成了宴席上挑大梁的主菜、大菜。

近年，食品加工业发达，发现“葡萄糖酸内酯”可当作豆花的凝固剂，成品的口感比点卤的更细滑软嫩，也利于大量生产，此类豆花内地称之为“内酯豆花”。

在此菜品中，川菜大厨玩的是一种对比强烈的味蕾游戏，内酯豆花的细滑软嫩与脆爽的大头菜粒、酥脆的油酥黄豆、酥爽的油炸馒头丁等，在口感上产生鲜明对比。酸香麻辣味的运用让豆花的鲜爽与麻辣的厚实形成强烈对比。

02. 入口酥香而细嫩，酸香开胃

酸溜溜豆花

味型：酸辣味　**烹饪工艺：**烩

原料：内酯豆腐1盒，大头菜颗粒20克，小葱葱花15克，油酥黄豆20克（见255页），馒头切小方丁20克，熟油辣椒30毫升（见253页），红花椒粉10克，淀粉30克

调味料：川盐1/4小匙，味精1小匙，酱油2小匙，陈醋1大匙2小匙，香油2小匙，色拉油适量

·烹调制法·

1. 将内酯豆腐切成1.5厘米见方的丁，备用。
2. 炒锅中倒入色拉油，将油烧至五成热时倒入馒头丁炸酥，以漏勺捞出锅，沥油备用。
3. 另取炒锅上火，加水300毫升，大火烧开后用川盐、味精、酱油、陈醋、熟油辣椒调味。
4. 接着下入切好的豆花丁入锅，烧至入味、上色后，用水淀粉勾芡收汁，用锅铲舀出盛入深盘。
5. 在豆花上依次撒上花椒粉、葱花、大头菜粒、油酥黄豆、酥馒头丁，淋香油成菜。

【大厨经验秘诀】

1. 馒头丁成菜必须酥脆，因此入油锅炸酥时要控制好油温。若油温过高、火候过大则容易将馒头炸煳，油温过低、火候过小则馒头吸油过多，影响成菜的口感。
2. 熟油辣椒在这道菜中起着关键的作用，需炼得好的熟油辣椒，香而微辣、辣而不燥，否则成菜会香气不足，滋味层次少也易发腻。
3. 豆花下锅后不宜用勺子在锅内来回推动，否则豆花面目全非，影响成菜美感。

▶ **菜品变化：**酸辣面疙瘩，豆腐脑，牛肉粉

03. 色泽红亮，家常味醇厚，质地滋糯

回锅肉

味型：家常味 **烹饪工艺：**煮、炒

原料：带皮二刀肉600克，青蒜苗200克，郫县豆瓣20克，豆豉10克

调味料：川盐1/4小匙，味精1/2小匙，白糖1/4小匙，甜面酱2小匙，酱油1/4小匙，色拉油3大匙

·烹调制法·

1. 将带皮二刀肉入七分水满的锅中，用大火煮沸，转小火煮约20分钟，离火浸泡10分钟，将二刀肉捞出放凉备用。
2. 将放凉的二刀肉切成0.3厘米厚的肉片，青蒜苗洗净斜切成2厘米长的菱形段备用。
3. 取干净炒锅上火，倒入色拉油3大匙烧至四成热，下切好的二刀肉片入锅爆炒出油，待到肉片呈灯盏窝状时，沥去锅内多余的油，放郫县豆瓣、豆豉入锅，炒香亮色，调入甜面酱、白糖、酱油翻炒，上色和匀。
4. 将青蒜苗段放入锅内翻匀，用川盐、味精调味，炒匀出锅。

【大厨经验秘诀】

1. 回锅肉选料必须用带皮的二刀肉，它肥四成瘦六成，肥瘦紧密相连，不脱层。后腿肉分为头刀肉、二刀肉、三刀肉。头刀肉肥肉多、瘦肉少，三刀肉瘦肉多肥肉少且肥肉容易脱层分家，故这两个部位的肉不适宜做回锅肉，二刀肉是当之无愧的首选材料。
2. 炒回锅肉一般来说用黑毛猪肉炒的比白毛猪肉的好吃，因黑毛猪的皮厚肉嫩，白毛猪的皮薄肉粗。
3. 郫县豆瓣品牌繁多，制作豆瓣的工艺和流程各不相同，宜选晾晒、发酵、密封酿制三年以上的最佳。若能取得十年以上的上等精品豆瓣炒制回锅肉，那回锅肉香气是扑鼻而来，闻到就已经垂涎三尺，成菜更是色泽红润而富有光泽。
4. 炒回锅肉用的青蒜苗最好选蒜苗的中段，清香而碧绿，再以斜刀切成菱形段。青蒜苗的最佳产季为每年的冬腊月，农历过年前后，农历二月以后的青蒜苗开始长出苔，口感变粗，且缺乏清香感，不适宜炒回锅肉。
5. 二刀肉入锅必须炒至呈灯盏窝，达到这种程度的肉入口滋糯而不显油腻。炒制时需要掌握好时间及火候大小，以中小火为宜，慢慢将肉炒至出油、开始起卷为宜。

▶**菜品变化：**苕皮回锅肉，小米椒回锅肉，莲花白回锅肉

夏天辣椒盛产之际，成都的市场中常可见大姊、太婆们提着5千克或10千克的红艳二荆条辣椒，自备老豆瓣，再买来适量的川盐，请专门代客宰碎辣椒的师傅将辣椒宰碎后做基本调味，拿回家做成豆瓣。这家里自己酿的豆瓣，可是成都游子最想念的滋味。

回锅肉虽只是一道佐酒拌饭的小炒菜肴，却是川菜家常味的代表菜，醇厚酱香味加上微辣回甜的滋味，早已成为四川人共同的家乡滋味、味蕾记忆。不只家庭餐桌有回锅肉的身影，在高档宾馆、酒店，或是小摊、饭馆也都是必备菜品，因为只有这回锅肉能慰藉出行在外川人的思乡思亲之情。

不论从哪个角度看回锅肉，都会觉得用料普通，调料随手可得，烹调工艺也相对普通，食用上更没有季节性之分，是。过去的传统是每逢清明节、春节等重要节日，家家户户都须祭祖，为了表达对过去祖辈们的感恩与敬意，家家都得买一二斤猪肉整块煮熟，进行祭祖活动，祭拜完后才将这整块熟肉切成片回锅，添加些豆瓣、豆豉、甜面酱、青蒜苗等调料炒制，经祖辈的一代代相传，这一回锅的动作就成了这道菜的名字“回锅肉”。此外，早期物资条件差，食用油缺乏，回锅的肉片在调味炒制前都要先将猪油熬出来，于是在老一辈的口中又将这菜称之为“熬锅肉”。

04. 色泽红亮，肉质细嫩，藿香风味浓郁

藿香大鲫鱼

味型：藿香家常味　**烹饪工艺：**烧

位于四川盆地内的川西平原水系纵横，每到夏天，盆地内多是闷热潮湿的天气，使得人们容易食欲不振。藿香富含挥发性的芳香油，具有祛暑解表、化湿热、理气和胃之功效。在四川盆地是随处可见，家家户户更喜爱在房前屋后种上藿香，烧菜的时候加上一点，特别是与河鲜同烧，藿香的独特芳香气不仅能抑制腥味、增添鲜味，还能为菜肴增加特殊的甜香风味，使人胃口大开。

藿香在四川盆地是随处可见，家家户户多会在房前屋后种上藿香，烧菜需要时随手摘几片叶子加上。

原料：千岛湖大鲫鱼750克，泡椒末80克，泡姜末50克，生姜末20克，大蒜末20克，小葱葱花50克，藿香100克，泡萝卜丁30克，水淀粉50克

调味料：川盐1/4小匙，味精1/2小匙，料酒2大匙，白糖1小匙，陈醋2大匙，色拉油1/2杯，水400毫升

·烹调制法·

1. 将大鲫鱼宰杀处理干净，在鱼身的两侧剞上一字花刀。用川盐、料酒码味5分钟。
2. 炒锅倒入色拉油后大火烧至五成热，下泡椒末、泡姜末、泡萝卜丁入锅内翻炒，待炒香、油色红亮后，再下入生姜末、大蒜末炒至干香，往锅内加水，大火烧沸后转小火。
3. 放入大鲫鱼，调入川盐、味精、料酒、白糖、陈醋，大火烧开后转小火，烧约5分钟至鱼熟透，下入1/2的藿香、葱花调味。
4. 将调好味的鱼盛出来装盘，将锅中剩下的汤汁用水淀粉收汁。再倒入剩余的藿香、小葱葱花，搅匀汤汁后用锅铲盛出，浇在盘中的鱼身上成菜。

【大厨经验秘诀】

1. 鲫鱼下锅后先用大火将汤汁烧沸，然后须转小火将鱼烧熟。因为火太大容易将汤汁烧稠，鱼肉也不容易烧熟。小火烧出来的鱼肉细嫩鲜美，味道浓厚。
2. 藿香和小葱必须分两次下锅，第一次调入汤汁中与鱼共同烧制，目的是使藿香和小葱的香味渗入鱼肉之中；第二次在起锅之前调入芡汁中，则是为了让菜肴更加美观。若一次性下入锅中烧上几分钟，藿香和小葱会发黑，直接影响菜肴的色泽。
3. 最后用淀粉收汁时汤汁宜收浓一点，这样成菜才显得滋润，鱼肉味道才会更加浓郁。

▶**菜品变化：**豆瓣鲜鱼，泡豇豆烧青波，家常烧鱼

05.

色泽红亮，肉质细嫩，麻辣味浓郁

重口味梭边鱼

| **味型：**麻辣味 | **烹饪工艺：**烧

梭边鱼不是一种鱼，是川南地区一种鱼鲜菜名和烹调方式的地方叫法。

特别是川南自贡一代的乡村，人们习惯把老泡菜、泡酸菜叫作梭边，于是用老泡菜烧煮的鱼便被叫作梭边鱼、老梭边鱼。这梭边鱼深受自贡当地人的喜爱，用此法烧煮的鱼肴，其鱼肉入口细嫩鲜美、泡菜酸香爽口、成菜口味浓厚、回味悠长。

这道乡村家常菜传到大都市以后，独特的酸香鲜辣加上梭边鱼这个特别又好记的名字，迅速征服了食客们的味蕾，在餐饮市场中红火起来。

原料：潜鱼750 克，泡酸菜片80克，红小米辣椒段30克，干红花椒20克，干辣椒段15克，大葱粒50克，泡椒末70克，泡姜末50克，大蒜瓣50克，淀粉50克，小葱葱花50克

调味料：川盐1/2小匙，胡椒粉1/4小匙，料酒2大匙，酱油1小匙，味精1小匙，白糖1/2小匙，陈醋2小匙，香油2小匙，色拉油300毫升，水400毫升，水淀粉3大匙

·烹调制法·

1. 将潜鱼宰杀处理干净后剁成大一字条，用川盐1/4小匙、胡椒粉、料酒1大匙、酱油、淀粉码味约5分钟备用。
2. 炒锅倒入色拉油至七分满后大火烧至五成热，将码好味的鱼肉条入油锅中滑散、定形后，用漏勺捞出锅，沥油备用。
3. 将锅中热油倒出不用，再加入300毫升色拉油，用大火烧至六成热，放入干红花椒、干辣椒段、泡酸菜片、大葱粒炒香，随后放入泡椒末、泡姜末、大蒜瓣炒香至油色红亮，加入水用大火烧沸后转小火熬5分钟。
4. 将步骤2的鱼肉条放入锅中，用川盐1/4小匙、味精、白糖、料酒1大匙、陈醋调味，烧约5分钟至鱼肉条入味、熟透后，再用水淀粉收汁。
5. 将红小米辣椒段、葱花、香油下入锅中，搅匀，即可出锅装盘成菜。

【大厨经验秘诀】

1. 将鱼肉改刀成大一字条，可以使成菜更加入味，也能缩短鱼肉的烹调时间，当然同时食用的时候也更加方便。
2. 滑油的步骤可以使鱼肉成菜后更细嫩，若码味后直接入锅烧制，烹制的时间会更长，且成菜的质地也比滑油后的要粗。
3. 鱼肉在烧制过程中最好使用小火，这样成菜后散汁亮油、色泽美观，用大火烧成的鱼肉容易碎，且汤汁浑浊。

▶ **菜品变化：**大蒜烧江团、麻辣鲇鱼、仔姜梭边鱼

06.

入口咸鲜味美，质感细腻中而脆爽

七〇版土豆泥

味型：咸鲜味　**烹饪工艺：**蒸、炒

对于当代人来说，土豆只是一种极家常、极普通的原料，在20世纪60~70年代，在偏远山区，很多人生活艰难，土豆可是珍贵的生存食物。一年难得与猪肉见上几次面，天天与小麦、玉米、土豆打交道，当时能吃八分饱就已经是超级幸福的。

这道改良过的“七〇版土豆泥”就是产自那个时代。据说当时农村有户人家，有一天当家的为了给家人吃点好的，便将土豆与腊肉一起煮，谁知一不小心煮的时间过长，煮到汤汁都快干了，当家的只好用勺子不停地搅动以免锅底烧得焦煳。不一会儿，煮烂的土豆就被搅的不成形了，最后也只好将煮碎如泥的土豆连同腊肉一起舀出来，结果全家老小一尝，香气浓郁、口感绵实，异口同声地说好吃，这道菜就这样传了开来，也因为味蕾的情感记忆而保留在百姓家的餐桌上。

原料：大土豆750克，老腊肉50克，泡豇豆粒50克，葱油75毫升（见253页），细香葱花20克

调味料：川盐1/4小匙，味精1小匙

·烹调制法·

1. 把大土豆去皮洗净后切成薄片，入蒸笼内大火蒸30分钟，取出压成泥状备用。
2. 炒锅置于灶上，加水至七分满，将老腊肉放入锅中大火煮30分钟，取出放凉后切成0.5厘米见方的丁。
3. 取洗净的炒锅置于灶上，将葱油入锅，中火烧至四成热，下老腊肉丁炒香后再放入泡豇豆粒。接着倒入土豆泥继续炒至翻沙。
4. 用川盐、味精、细香葱花调味，炒匀后出锅成菜。

【大厨经验秘诀】

1. 土豆去皮后一定要蒸久一点至土豆熟烂，否则成菜土豆泥不翻沙，口感不细腻。
2. 蒸烂后的土豆也必须压碎一些，否则炒出来的土豆泥会有颗粒出现，显得不够细腻，影响成菜的口感。
3. 因为炒腊肉时要出部分油，因此炒土豆泥时油不宜加得太多，否则成菜过分油腻影响口感。
4. 泡豇豆粒一定要炒香，但不宜炒得过久，否则成菜口感不够脆爽。

▶ **菜品变化：**腊味山药泥，葱香蚕豆泥，原味红薯泥

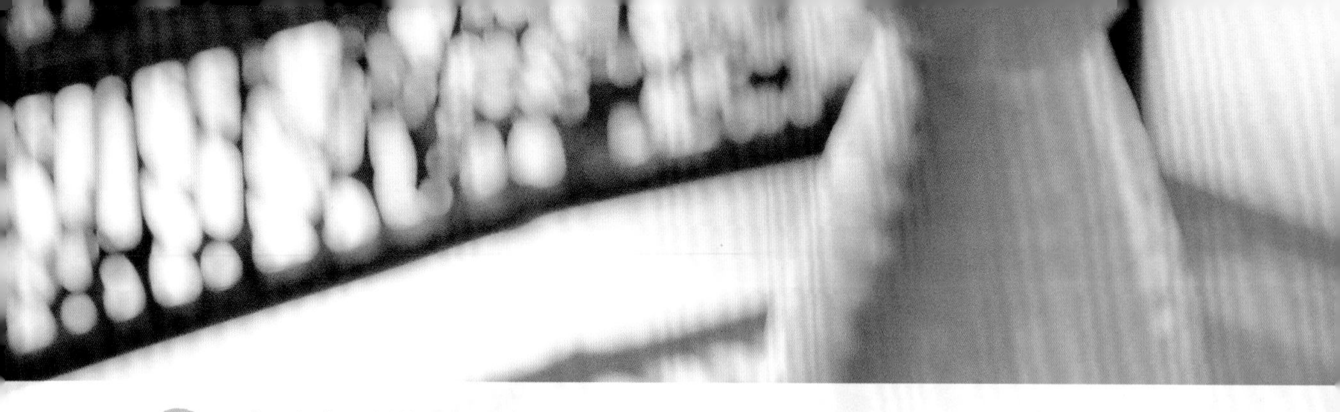

07.

色泽红亮，麻辣鲜香，回味厚重

香辣兔脑壳

味型：麻辣味　**烹饪工艺：**卤、炸、收

如果从外地来成都旅游，成都最有名的小吃“兔头”都来不及吃，就等于没来过成都。在成都，兔头是一种休闲食品，最具代表性的是“双流老妈兔头”。

兔头本身没有什么肉，主要吃它的香气滋味，在炎热的夏天邀约三五个朋友小聚，来上几个香喷喷的兔头，配上几瓶冰镇啤酒……那感觉只有亲身体验才知道其中的乐趣。

成都人特爱这滋味，加上啃兔头时常需双唇噘起，于是在成都男女亲嘴又被戏称为“啃兔头”。除了形象外，啃过、亲过之后心中都会喜孜孜的也是主要原因吧。

一个兔头撑起一家店，在成都极为普遍，除了当闲食，宵夜也是很好的选择。

原料： 鲜兔头5个（重约750克），卤水1锅（见253页）

调味料： **A**干辣椒段100克，干红花椒50克，姜片100克，大葱段100克　**B**色拉油500毫升，市售火锅底料50克，香辣酱20克，豆豉50克，白芝麻100克，辣椒粉100克，花椒粉20克，酥花生碎100克，孜然粉30克　**C**川盐1/4小匙，味精1小匙，白糖1/2小匙，香油3大匙

·烹调制法·

1. 兔头去皮、去残毛处理干净，入开水锅中大火煮开，出尽血沫后，用漏勺捞出锅，用凉水冲净备用。
2. 兔头放入卤水锅中，先大火煮开，放入**A**料后再转小火，保持汤面微沸不腾。卤煮约2小时，用漏勺捞出，沥干水分。
3. 炒锅置于灶上，倒入色拉油（另取）至七分满，大火烧至六成热时下入卤熟的兔头，炸至兔头表皮干香，用漏勺捞出锅沥油备用。
4. 将锅中热油倒出另用，洗净炒锅上火，倒入色拉油500毫升，大火烧至五成热，转小火后下**B**料中的火锅底料、香辣酱、豆豉、白芝麻炒香，再下辣椒粉、花椒粉，酥花生碎、孜然粉炒香出色后，放入炸好的兔头微火慢慢炒约10分钟。
5. 用**C**料中的川盐、味精、白糖、香油调味，兔头连汁带油一起倒入汤盆内，浸泡3小时以上即可成菜。

【大厨经验秘诀】

1. 兔头一定要处理干净，否则成菜有草腥味，影响食欲。
2. 一定要用小火将兔头慢慢卤熟至炬软，但也不可太过，否则不容易保持兔头的完整性。
3. 炸兔头的目的是让成菜拥有更加干香的风味。
4. 步骤4中炒料时火力一定要小，否则成菜色泽容易发黑、有焦味，影响成菜口感；炒制的时间也要控制好，若时间短了就不容易炒出辣椒的香味。

▶ **菜品变化：** 麻辣鸭头，香辣翅膀，辣味鸭脖

卤鸭脑壳一直是老成都的闲食，但这个夏天突然开始流行吃“鸭脑壳”。夜宵时间走在街上，望一下冷淡杯、夜啤酒的餐桌上除了个别点了些煮花生、盐水毛豆、卤猪耳、猪头肉外，桌桌都是会点上几个鸭脑壳，这时再来上几支冰啤酒，就见三五好友相聚歇凉、拉家常、摆龙门阵到凌晨，然后才回家睡觉。成都夜生活的闲适在这里尽显。

白天在河边喝茶时，也经常听到老老少少的“好吃嘴”在议论着：昨晚上某某家的那个鸭脑壳哇，麻得你的嘴唇舒服、辣得你的心头发慌！鸭头肉真是滋味鲜香，就连骨头都舍不得丢掉……。真是风水轮流转，不起眼的鸭脑壳也让人牵心挂肚。

08.

色泽红亮，麻辣味浓厚，质地细嫩

风味鸭脑壳

味型：麻辣味　**烹饪工艺：**炒

原料：鸭头1000克，郫县豆瓣200克，干辣椒段250克，干红花椒100克，市售火锅底料50克，生姜片50克，大葱粒200克，豆豉100克，红曲米5克

香料：八角20克，草果10克，桂皮8克，香叶20克，小茴香15克，甘菘（香草）5克，山奈5克

调味料：川盐1/4小匙，味精1大匙，白糖1小匙，料酒4大匙，香油3大匙，复制老油1000毫升（见253页）

·烹调制法·

1. 鸭头用清水冲洗干净后，入沸水锅中汆透，出锅用凉水浸泡凉透后，去除残毛、舌胎膜、食管后洗净备用。
2. 炒锅倒入复制老油，中火烧至四成热，下香料中的所有食材炒香后，再放入郫县豆瓣、干辣椒段、干红花椒、生姜片、大葱粒、豆豉、火锅底料，中火炒制20分钟后转小火，炒至色泽红亮，香气四溢。
3. 放入鸭头，并放入红曲米，一起小火慢炒40分钟，炒至鸭头表面红亮、熟透。
4. 用川盐、味精、白糖、料酒、香油调味后，将鸭头与调味料在锅中炒匀，然后用有盖的容器盛出鸭头和所有调味料，加盖浸泡3小时即可食用。

【大厨经验秘诀】

1. 鸭头入锅汆水前必须先用清水冲1~2小时，否则腥味比较大，影响成菜口感。
2. 鸭舌头的舌胎膜、食管，宰杀时未处理干净的残毛，必须用沸水煮一下才容易去掉，否则不易刮洗干净。
3. 炒制底料时务必用中小火，避免将底料炒得焦煳而产生异味。鸭头一定要入锅同底料一起炒，将底料内水气炒干，鸭头吃起来才干香美味，否则成菜会水分较重而不干香。
4. 炒制好的鸭头成品，出锅后必须浸泡在底料当中，否则鸭头香味不够醇厚。

▶**菜品变化：**风味鸭脖，风味鸡头，风味兔头

09. 入口细嫩化渣，质地鲜香味美

家常圆子汤

味型：咸鲜味　　**烹饪工艺：**煮

圆子汤在川菜中较为普遍，各家做法大同小异，但对技艺超群的餐饮老前辈、大厨而言，看上去越简单普通的菜品，要达到令人惊艳的感受，它的技术难点和工艺要求就越高。

以这圆子汤来说，材料不多，调味也简单，因此要美味最基本的就是注重选料，其次是刀工处理要求较严格，为达到理想口感，搅拌、调味更是重中之重！扎实的做好每一步，成菜就能达到入口细嫩化渣、质地鲜香爽口的要求。

原料： 猪去皮前夹肉500克，黄豆芽150克，葱花5克，红薯淀粉100克，鸡蛋1个

调味料： 川盐1/2小匙，味精1/2小匙，酱油3大匙1小匙，料酒4大匙，水650毫升

·烹调制法·

1. 黄豆芽摘洗干净备用，猪去皮前夹肉用刀剁成细蓉状。
2. 将剁好的猪肉蓉放入盘中，调入酱油3大匙、料酒、川盐1/4小匙、味精1/4小匙、鸡蛋液、水50毫升，用力将猪肉蓉搅匀，然后放入红薯淀粉搅上劲。
3. 取一适当大小的汤锅加入水600毫升，水应达汤锅约五分满的位置，中火烧热。将搅打好的猪肉蓉挤成小丸子入锅，然后小火慢慢将水烧沸，煮至肉丸熟透，下入洗净的黄豆芽。
4. 用川盐1/4小匙、味精1/4小匙、酱油1小匙调味，煮至黄豆芽断生熟透后出锅盛入碗中，在碗中撒少许葱花作为点缀即成菜。

【大厨经验秘诀】

1. 猪肉肥瘦比例以4：6为宜，最好是用刀剁成极细的蓉状，丸子的口感较佳。虽然也可用机器搅拌成细末，但因为绞肉机的转速过快，加上是“绞”成蓉状，对肉的肌纤维有较大的破坏，会明显影响丸子口感。因此多数使用绞肉机的肉蓉做的成菜口感比用刀剁成的肉口感差。
2. 搅拌猪肉蓉时，必须先调入水多的调料好将猪肉蓉打散，让猪肉充分吸水，再搅打上浆，否则成菜后肉丸不够筋道，肉质不够爽滑且没有弹性。
3. 红薯淀粉一定要按比例添放，淀粉用量过多，肉丸成菜后干瘪无汁、不爽滑，淀粉用量太少，肉丸不易成形，入锅煮时易碎。
4. 煮肉丸时火力不能过大，火力过大，沸腾的汤水容易将肉丸冲碎。小火慢煨，则肉丸成菜口感细腻而鲜美。
5. 肉丸的大小应保持均匀，成菜才美观。
6. 酱油在这道菜肴中主要起增色和提升菜品鲜度的作用。

▶**菜品变化：** 清汤鱼丸，香菜牛肉丸，萝卜丝鸡肉丸

在四川一些郊县的小馆子里，这圆子是当你点了之后才将肉现剁成蓉、调味、挤成圆子入热水锅中定形，加入莼菜略加调味再煮至熟透，那鲜、香、滑简直是人间极致美味啊！

10.

酸辣开胃，质地滑嫩爽口

酸菜水滑肉

味型：酸辣味　**烹饪工艺：**煮

提起家常菜，每每勾起回忆的就是这存在于我童年记忆中的水滑肉。在20世纪80年代，油脂、调料紧缺，父辈为了让一家人可以打打牙祭，本着勤俭节约的美德，将传统裹粉油炸再烹制的酥肉菜肴改用开水煮的方式成菜，考虑到猪肉食材过少，遂加入大量的淀粉以弥补“肉少”的缺憾，且一锅成菜，汤菜兼备丝毫不浪费。

在物资紧缺的时代中，父辈们制作此菜时总结了一些经验，发现选用红薯粉与肉片拌匀调味后，再加入适量热开水，在温度的作用下，肉片会裹上一层晶莹剔透的粉团，再散入汤中小火煮制，成菜十分滑口、似肉非肉，包在其中的“真肉”强化了这感觉，滑爽细嫩、汤鲜肉香之余，让物资匮乏的童年时代多了些满足感。这就是川人的滑肉，因为亲情，那滋味仍记忆犹新。

原料：去皮前夹肉200克，红薯淀粉250克，鸡蛋1个，泡酸菜200克，泡野山椒30克，姜片10克，大葱段20克，葱花10克，清鸡汤600毫升（见252页），沸水200毫升

调味料：川盐1/4小匙，味精1/2小匙，料酒4大匙，胡椒粉1/4小匙，色拉油1/3杯

·烹调制法·

1. 将去皮前夹肉洗净后切成长5厘米、宽3厘米、厚0.3厘米的片，放入盆中用川盐、味精、料酒、胡椒粉码味约5分钟。
2. 将红薯淀粉放入肉片中，加入沸水把红薯淀粉烫熟，然后放入鸡蛋液，搅拌均匀备用。
3. 泡酸菜切成斜刀片，泡野山椒去蒂把后切成2段备用。
4. 炒锅置于灶上，倒入色拉油，大火烧至五成热，下泡酸菜、泡野山椒段、姜片、大葱段爆炒出香味至酸菜的水汽炒干后，加入清鸡汤烧沸，转成小火将汤汁熬约5分钟。
5. 将均匀裹上红薯淀粉的肉片逐一放入锅中，小火慢慢煮约10分钟，出锅盛入汤碗中，点缀葱花成菜。

【大厨经验秘诀】

1. 肉片切得厚薄均匀、红薯淀粉上浆厚度一致才能保证成菜美观，成菜口感老嫩才能完全一致。
2. 红薯淀粉必须用沸水烫熟，这样成菜的滑肉不容易掉糊，汤汁清爽；其次是能让滑肉晶莹剔透而有光泽，不会显得暗沉。
3. 煮滑肉时必须小火，如果火大水沸，肉片容易掉浆，其次是滑肉裹了厚粉，不容易熟透，需有较长煮制的时间。

▶ **菜品变化：**酸汤滑牛肉，水晶兔柳，砂锅三鲜滑虾

11.

色泽红亮，姜葱蒜味浓厚，回味略带酸甜，质地滑嫩爽口

鱼香肉丝

味型：鱼香味　**烹饪工艺：**炒

要说最典型的传统家常川菜非鱼香肉丝莫属，色泽红亮，美观；入口略带酸甜、微辣而厚实，滋味佳；辅料脆爽，肉丝嫩滑，口感变化多；最重要的是姜葱蒜诸香浓郁齐扬，隐约中有着像鱼鲜一样的鲜香味，香气饱满。而这一香味就是鱼香味一名的源头。吃鱼不见鱼，可说是家常“分子料理”！

川菜讲究一菜一格，百菜百味，热锅温油，掌锅小炒，一锅成菜的风格。众多味型中，鱼香味是川菜技术中最难调的味型。于是这道“鱼香肉丝”，看似普通的小炒家常菜，可是每个川菜厨师学艺晋级必考的一道菜，除了文化内涵外，更因为它蕴含了选料、刀工、火候、调味等所有川菜必需的厨艺功底。

原料： 猪里脊肉150克，青笋（莴笋）75克，水发木耳75克，二荆条泡椒末50克，姜末20克，蒜末30克，小葱葱花25克

调味料： 川盐1/2小匙，酱油1小匙，料酒1/2杯，味精1/2小匙，白糖2大匙，陈醋2大匙，香油4小匙，色拉油1/3杯，淀粉45克，水1大匙

鱼香肉丝中的酸香味除了醋的酸，更需要泡辣椒的乳酸香，成菜才能醇厚，回味才绵长。

·烹调制法·

1. 将猪里脊肉去筋、油膜，切成长6厘米、粗0.3厘米的二粗丝；青笋去皮切二粗丝；涨发的木耳洗净后切成二粗丝，备用。
2. 将切好的肉丝入碗，用川盐1/4小匙、酱油、料酒、淀粉10克、水码味上浆备用。青笋、木耳丝入沸水锅中汆水备用。
3. 取一小碗放入川盐1/4小匙、味精、白糖、陈醋、香油、淀粉35克，拌匀成为滋汁，备用。
4. 炒锅置于火上，入油上中火烧至四成热，将码味后的肉丝入锅滑散至熟，加入泡椒末炒香至油色红亮，再放姜末、蒜末炒香后，放青笋、木耳丝翻炒均匀。
5. 将滋汁倒入锅中，翻炒均匀，收汁亮油，最后下葱花炒匀出锅成菜。

【大厨经验秘诀】

1. 主料猪肉可选用后腿肉切丝，肉丝切得太粗影响成菜美观，切得太细，成菜容易散。
2. 肉丝码味上浆是关键，水分一定加足，上劲搅拌至进入肉丝中。淀粉上浆过稠则入锅不易炒散，成团状；淀粉上浆过稀，肉丝出锅容易脱浆，成菜后肉质也容易过老，不够滑嫩。
3. 肉丝入锅滑炒时，油温太高，超过四成热，则肉丝成团不易炒散，肉质易变老；油温太低，肉丝入锅易脱浆，产生粘锅底、呈糊现象，成菜肉质不嫩滑，发干。
4. 青笋、木耳刀工处理应均匀，入锅不宜炒得太久，切成粗丝成形不好看，影响美感，不易炒熟，切成细丝成菜垒不成形，有软趴趴、黏糊糊的感觉。
5. 鱼香味要做得完美，首选二荆条泡辣椒，其色泽红亮，辣味适中，但是辣椒必须去蒂、去籽，否则成菜色泽不红亮，感觉零乱。泡椒末入锅必须炒香至油色红亮、泡椒末呈滋润状，鱼香味成菜才正，否则有泡椒的生味、怪味，汤色不红亮，汁呈糊状，影响成菜美感。
6. 调好川盐、白糖、醋的比例是鱼香味的关键，入口底味（盐量）要厚重，酸味在先，甜味其后，二者并重。
7. 炒肉丝时须急火快炒，快速成菜，这样青笋、木耳出水不严重。淀粉的用量最好比码味上浆时重，否则成菜不成形，不亮油，油与汁不离，不滋润，无法达到散汁亮油的特点。

▶ **菜品变化：** 鱼香八块鸡，鱼香牛仔骨，鱼香茄子

12. 色泽红亮，肥而不腻，家常风味浓厚

家乡坨坨肉

味型：家常味　**烹饪工艺：**蒸

四川盆地的人们，特别是乡村人家红白喜事的宴席上，基本都能见到坨坨肉的踪影。早些年，人们生活条件还比较差的时候，坨坨肉是重要节庆宴请的一道大菜，又称为坨子肉，因肉块大而形整，而用“坨”字突显肉块的大！

从早期到现今，城市郊区或是农村地区宴席形式还是多以坝坝宴为主，农村又称田席，因宴席的烹煮受环境条件所限，炉灶、工作台多是在空地坝子临时搭建的，因此宴席菜式一般都是以操作方便的三蒸九扣为主，取材则是因地制宜，相当广泛，成菜的滋味也多是原汁原味，炽而不烂，老少皆宜。加上三蒸九扣的菜式多可以事先烹制成半成品或直接成菜，而有出菜速度快、菜品不易变凉的特点，是深受农村喜爱的宴席形式。

原料： 三线五花肉（五花三层的肉）1000克，盐菜500克，郫县豆瓣20克，豆豉20克，生姜片15克，大葱段20克，麦芽糖10克，干红花椒，干辣椒段5克，瓢儿白（上海青）5棵

调味料： 川盐1/4小匙，味精1/2小匙，料酒4大匙，糖色4大匙

坝坝宴的厨师与临时帮厨，正热火朝天地准备三蒸九扣的美味大菜。

·烹调制法·

1 炒锅上火，入水至七分满，将五花肉放入锅中，大火烧沸后转中小火，煮约20分钟捞出，趁热在五花肉的表皮上抹上一层麦芽糖，置于阴凉通风处放凉备用。

2 盐菜用清水洗净、沥干水分后切碎，放入炒锅以中小火煸香，出锅备用。

3 将炒锅洗净后置于火上，倒入色拉油至七分满，大火烧至六成热。将放凉的五花肉放入油锅内炸至表皮红亮、起皱，出锅沥油。趁余热将五花肉改刀成5厘米见方的块，皮朝下放蒸碗中。

4 将炒锅内的油倒出另用，锅内剩少许油烧至五成热，下盐菜碎、生姜片、大葱段、干红花椒、干辣椒段、郫县豆瓣、豆豉炒香，再用川盐、味精、料酒、糖色调味炒匀，出锅盖在蒸碗内的五花肉上。

5 将蒸碗放入蒸笼内蒸60分钟，取出放凉，隔6小时后再将蒸熟的五花肉放入蒸笼内，大火蒸30分钟，取出蒸碗。

6 拿一盘子盖在蒸碗上，然后连盘带碗翻转过来，将盘子置于操作台上，小心地取下蒸碗。

7 瓢儿白入沸水中汆烫片刻，用漏勺捞出，围在盘中的扣肉边上成菜。

【大厨经验秘诀】

1 成菜灺软而糯，为避免散碎，因此三线五花肉必须精选不易脱层掉皮的三层肉。

2 煮五花肉时不宜煮得过熟，否则不耐久蒸，影响成菜的肉香味。

3 麦芽糖主要起上色作用，过油炸的目的一是为了让色泽看起来更加红亮，二是令五花肉的肥肉脱油，使成菜口感灺糯不腻。

4 蒸两次的目的是让五花肉能够将盐菜的咸香味吸入肉中，这样滋味才透而浓厚。在工艺上，也可让宴席乡厨提前备好半成品的菜，让宴席间的出菜速度更快。

5 五花肉改刀时，以十字刀从肉内侧往皮表面切，切至接近皮的位置，不切断，才能确保翻扣后切开的肉因猪皮而依旧相连，成菜的外表体现肉形的完整，才显得美观、大气！而且食用时能方便的用筷子夹取。

▶ **菜品变化：** 粉蒸肉，咸烧白，坛子肉

13\. 风味独具一格，干香可口

风味土豆片

味型：家常味　**烹饪工艺：**炸、炒

原料： 土豆300克，盐白菜100克，去皮五花肉80克，豆豉20克，郫县豆瓣10克，青二荆条辣椒圈25克，红二荆条辣椒圈25克，孜然粉3克

调味料： 川盐1/2小匙，味精1/2小匙，老抽1/2小匙，白糖1/4小匙，色拉油3大匙

·烹调制法·

1 将土豆洗净，削去外表粗皮，切成0.3厘米的厚片。用清水淘洗去除土豆片的淀粉后，再用清水浸泡备用。

2 盐白菜淘洗干净后，挤干水分切成碎片。去皮五花肉切成0.3厘米厚的片，用川盐1/4小匙、老抽码味上色备用。

3 炒锅上火，倒入色拉油至六分满，大火将油烧至六成热时将沥干的土豆片放入油锅中，炸至土豆水分吐尽、色泽红亮，用漏勺捞出沥油。

4 将锅中大部分油倒出，锅内留油约50毫升，以中火将油烧至四成热，下五花肉片入锅炒香，调入郫县豆瓣、豆豉炒香至上色，然后下入盐白菜、青二荆条辣椒圈、红二荆条辣椒圈入锅煸炒约1分钟。

5 将沥好油的土豆片放入锅中，调入川盐1/4小匙、味精、白糖、孜然粉翻炒出香，即可出锅成菜。

【大厨经验秘诀】

1 此菜最好选用川西平原出产的小土豆，这种土豆个头大小适中、均匀，切成圆片后成形美观，炸制以后色泽红亮。外地大土豆含淀粉较重，刀工处理后丢弃的边角余料比较多，且炸出的成品土豆片色泽发白，容易回软，口感不够干香。

2 土豆切好后必须冲尽淀粉，浸泡2小时以上，以免成菜的色泽不够红亮。若土豆淀粉未清洗、浸泡干净，入油锅后易炸成褐黑色。

3 炸土豆必须选用未使用过的纯净色拉油或植物油。使用回锅植物油炸制土豆时，其色泽比用干净植物油炸出的差。

4 一般而言，使用动物性油脂炸制植物类食材，成菜冷却后口感会变得很油腻，所以炸制植物类食材宜选用植物油。

▶ **菜品变化：** 香辣土豆条，孜香红薯，风味杏鲍菇

土豆因富含淀粉和热量，在许多地方被当作像米、面一样的主食，因此在多数人的印象中，土豆经常作为辅料陪衬其他主料成菜。

现今用土豆当主角，通过巧思与烹饪技法，就能让成菜在形状、口味上带给人们惊喜的体验。像本道菜品就是在切片土豆的油炸干香中混炒入盐菜的咸香，更多的滋味层次，成为既可佐饭又可下酒的好菜。

用土夯成的老厨房，不只有妈妈的味道，还有时间的滋味！

14.

色泽红亮，入口细嫩，风味浓郁

嫩豆腐烧猪脑花

味型：家常味　**烹饪工艺：**烧

在美食之都——成都的餐桌上，用猪脑花做的菜可谓变化多样，口感细致滑嫩，最为常见的是拿来烫火锅，也可用来做烧烤美食。

传统饮食中，常见以形补形的饮食观，而猪脑花即猪的大脑，又称脑髓，而成为有补脑功效的食材，曾经是相对珍贵的食材。在现今的好吃嘴、老饕口中，猪脑花成为一种体验极致细嫩口感的食材，当然滋味还是很重要的。猪脑花的菜相当考验厨师的手艺，选料是否得体关系到口感，火候拿捏得是否刚好则关系到口感、滋味，就以这道嫩豆腐烧猪脑花来说，成菜后滋味浓郁是基本要求，重要的是要让食客们难以区分吃在口中的究竟哪块是脑花、哪块是豆腐！

原料：猪脑2副，内酯豆腐（嫩豆腐）1盒，油酥黄豆30克（见255页），压碎馓子20克，泡椒末50克，郫县豆瓣20克，泡姜末15克，姜末10克，蒜末10克，红小米辣椒圈30克，芹菜段30克，小葱葱花20克，泡豇豆粒50克，猪肉末20克

调味料：川盐1/4小匙，味精1/2小匙，白糖1/4小匙，胡椒粉1克，料酒4大匙，香油4大匙，色拉油1/3杯，高汤300毫升（见252页），水淀粉3大匙

·烹调制法·

1. 将猪脑表面的网状血膜挑除干净，改刀成3.5厘米的块，内酯豆腐切成3厘米见方的块备用。
2. 炒锅倒入五分满的水，烧沸后下猪脑、内酯豆腐，汆水煮透后，用漏勺捞出锅，沥水备用。
3. 将炒锅洗净上火，倒入色拉油，中火烧至五成热，下泡椒末、泡豇豆、猪肉末、郫县豆瓣、泡姜末、姜蒜末炒香出色后，加入高汤烧沸。
4. 将猪脑、内酯豆腐放入高汤中，再调入川盐、味精、白糖、胡椒粉、料酒、香油、红小米辣椒圈，转小火慢烧约5分钟至入味，然后放入芹菜段、葱花搅匀，用水淀粉入锅收汁，出锅盛入汤盘内，在表面点缀油酥黄豆、压碎馓子成菜。

【大厨经验秘诀】

1. 嫩豆腐、猪脑刀工处理成形时不宜过小，因为其质地比较细嫩，烧制过程中容易碎，若切得块太小容易菜不成形，影响美观。
2. 脑花表皮的网状血膜须去除干净，否则血膜网烧熟后色泽发黑影响食欲，且口感不细腻化渣。
3. 烧制过程中选用中小火慢烧，火力过大易将豆腐、猪脑冲碎，影响成菜的滋润感及光洁度。
4. 水淀粉的浓度须掌握好，过稠则成菜成糊状，太稀则成菜的滋味不易裹上主食材，汤汁和油脂也易分开，影响成菜质感。

▶ **菜品变化：**酸菜烧鸭血，软烧豆腐鱼，米凉粉烧鲍鱼仔

15.

色泽红亮、嫩姜开胃爽口

嫩姜烧鳝鱼

味型：仔姜家常味　**烹饪工艺：**烧

在川菜领域，姜的角色相对多变，既可当调味辅料使用，也可当主料食用。这是因为四川的嫩姜特别香而脆口化渣，辛味却是恰到好处，其中以乐山五通桥西坝的嫩姜最为出名，形如纤指，口感如水梨般脆爽多汁，滋味是甜香而微辛。在春夏季节，烦燥闷热、胃口疲乏之际，来份嫩姜菜品，脆嫩、辛香，调节味蕾，让你顿时神清气爽，胃口大开。

从食疗的角度来说，姜有健脾、开胃、祛风、除湿、去寒之功效，因此有俗话说“冬吃萝卜夏吃姜，不用医生开药方”。天府之地水美田肥，鳝鱼产量大且成菜后口感脆滑，加上质佳脆爽的嫩姜，一道嫩姜烧鳝鱼就成为春夏季节天府百姓的家常菜。

原料：去骨鳝鱼400克，嫩姜丝200克，红小米辣椒50克，泡野山椒50克，青二荆条辣椒30克，芹菜段10克，小葱段20克，泡椒末25克，泡姜末50克，蒜末30克

调味料：川盐1/4小匙，味精1/2小匙，白糖1/4小匙，胡椒粉1克，料酒4大匙，泡野山椒水4大匙，香油4大匙，色拉油1/3杯，高汤500毫升（见252页）

·烹调制法·

1. 去骨鳝鱼用清水洗净后剁成6厘米长的段；红小米辣椒对剖成两半；泡野山椒去蒂后切成段；青二荆条辣椒切成小滚刀块，备用。
2. 炒锅置火上，倒入色拉油烧至四成热，下泡椒末、泡姜末、蒜末、泡野山椒段炒香出色。

3. 放入去骨鳝鱼段煸炒片刻，然后烹入料酒，翻炒均匀，再倒入高汤，大火烧沸后转小火。
4. 将嫩姜丝、红小米辣椒、青二荆条辣椒块倒入锅中，用川盐、味精、胡椒粉、白糖、泡野山椒水、香油调味后，翻炒均匀，转小火烧约5分钟。
5. 在锅中放入芹菜段、小葱段，翻炒均匀后盛出即可。

【大厨经验秘诀】

1. 鳝鱼宜选本地鲜活土鳝鱼，挑选中指粗大小的最佳。鳝鱼一定要鲜活现宰的，因为死后的鳝鱼体内会产生有毒物质，最好的辨识方法就是死掉的鳝鱼身体会僵直如直棍。
2. 可请卖家在宰杀鳝鱼的同时去掉背脊骨，可以让食用更方便，口感更佳。
3. 鳝鱼入锅后烧制时间不宜过长，这样才能保持鳝鱼肉质脆爽。
4. 嫩姜要在鳝鱼熟时入锅，这样姜味更浓、更清香，出菜色泽也更鲜活。若入锅煮得过久，会影响成菜的口感和色泽、美观。

▶**菜品变化：**仔姜烧牛蛙，仔姜烧青口，仔姜牛肉丝

16. 色泽红亮，鲜辣味浓厚，质地滋糯鲜香

口味焗猪手

味型：鲜辣味　**烹饪工艺：**炸、卤、炒

猪手是猪前蹄的别称，因其皮滋糯，胶原蛋白含量丰富，川人们又喜称其为美容蹄。川菜地区的百姓家庭中大多以清炖的方式进行烹调，清炖蹄花的汤色乳白，鲜香浓厚，皮糯肉嫩，炽而不烂，入口化渣，可搭配辣或不辣的蘸碟，是老少咸宜的家常菜。

而此道口味焗猪手的烹调手法、滋味与口感都和炖蹄花对比鲜明，反差极大，先炸再卤之后再炒，成菜是色泽红亮，鲜辣味浓厚，口感香脆滋糯，也是一道十分下酒的菜品。

原料： 猪前蹄250克，红小米辣椒段50克，青二荆条辣椒段120克，新鲜花椒20克，姜片10克，蒜片10克，大葱段20克，剁细的郫县豆瓣10克

滷料： 卤水1锅（见253页），红曲米100克

调味料： 川盐1/4小匙，味精1/4小匙，白糖1/4小匙，料酒1/4小匙，胡椒粉1克，香油4小匙，藤椒油4小匙，色拉油2大匙

蹄花就是猪手，四川常见的吃法是炖，多是搭配雪豆一起炖成乳汤，滋糯香滑，搭配鲜辣酱碟，那滋味真是爽口。

·烹调制法·

1. 猪蹄用大火烧净残毛，刮洗干净后，对剖成两半备用。
2. 炒锅置于火上，加水至五分满，下红曲米，大火烧沸后放入剖开的猪蹄，烧煮约5分钟至猪蹄表皮上色。用漏勺将猪蹄捞出，以清水冲洗净料渣，沥水备用。
3. 洗净炒锅上火，入油至五分满，中火烧至六成热，下猪蹄炸至定形后，转小火浸炸至表皮紧皱色泽红亮出锅。
4. 将卤水用大火烧开后转小火，放入炸好的猪蹄卤约60分钟。
5. 用漏勺捞出卤好的猪蹄，去除猪蹄的大骨，改刀成2厘米见方的小丁。
6. 洗净炒锅上火，入油至七分满，大火烧至五成热，将改刀好的猪蹄丁入锅炸一下出锅沥油。
7. 取净炒锅入色拉油2大匙，中火烧至五成热，下姜片、蒜、大葱段、红小米辣椒段、青二荆条辣椒段、鲜花椒略炒后，将炸好的猪蹄入锅煸炒，再放入剁细的郫县豆瓣续炒1分钟至香味溢出，用川盐、味精、白糖、料酒、胡椒粉、香油、藤椒油调味，翻炒均匀出锅成菜。

【大厨经验秘诀】

1. 猪蹄必须事先将皱褶、死角地方的残毛刮洗干净，确保成菜美观无杂异味。
2. 用红曲米上色，为的是让猪蹄成菜后更加红亮，且久烹、久存不褪色，不变黑。
3. 第一次猪蹄入红曲米汤水锅是为了上色，色泽可以上深一点，以弥补后续卤制过程的颜色损失；第二次入油锅是为了稳固颜色，减少褪色，这时必须用干净植物油才能避免颜色不正或发黑；油炸过程中六成热油温速炸可稳固色泽，接着小火浸炸可脱脂除油，降低成菜的油腻感。
4. 掌握猪蹄卤制时间，味须入透，且猪皮熟透脆爽时出锅，以保证成菜后猪蹄香脆滋糯有味。卤的时间太久，猪蹄过于熟烂，肉质过软，最后煸炒容易粘锅，影响成菜口味。
5. 最后一次将猪蹄过油炸，是让猪蹄减少水分，成菜干香。但不宜炸得太久、太干 ，这样反而影响成菜后的口感及滋糯的程度。
6. 必须将小米辣椒、青二荆条辣椒的鲜辣味、清香味以小火煸炒的方式融入猪皮中，成菜回味才会悠长，香气才会浓郁。

▶ **菜品变化：** 青椒煸猪尾，香焓红烧肉，煳辣鸡中翅

17.

成菜大气、中西搭配、丰俭由人

锅边馍馍

味型：家常味　**烹饪工艺：**炒、煎早期家家户户都是用柴火灶，炒锅基本上都是固定在灶上的大炒锅，但平日做菜都只用到大炒锅的中间部分，聪明的人家做烧煮菜品时就想到，可将需要另外蒸的主食馍馍面团利用大炒锅边上的空间来蒸烙熟啊！还可以节约柴火与时间。数次实践后发现，用发面糊的形式挂在锅边蒸烙，风味口感更佳，于是锅边馍馍就诞生在柴火灶的大环境中。后来演变出多种烹调技法来成形，主要有煎、蒸、炸等方式。

这就是此菜的起源，既可以先吃主食，也可以先品菜，根据个人喜好，丰俭由人。

凉山州会理古城，置身其中有如在时空中穿越。

原料：去皮五花肉200克，青美人椒50克，红美人椒50克，盐白菜50克，姜片20克，蒜片20克，大葱粒50克，面粉500克，淀粉20克

调味料：A川盐1/2小匙，味精1/2小匙，料酒1/2杯，酱油2小匙，香油3小匙，色拉油3大匙，香辣酱2小匙，白糖1/4小匙 **B**泡打粉2小匙，酵母粉2小匙，水200毫升

·烹调制法·

1. 将面粉倒入干净的盆中，接着放入调味料B，调匀成面糊，发酵1小时左右。
2. 将去皮五花肉切成0.3厘米厚的肉片，用川盐1/4小匙、料酒、酱油、淀粉码味上浆备用。青、红美人椒切成小滚刀块，盐白菜洗净后切成碎片。
3. 取一炒锅，均匀抹上油后以中小火烧至五成热，此时用勺子将发好的面糊舀至烧热的大炒锅边上让面糊缓缓滑下，小火煎约2分钟至熟透即成锅边馍，铲起出锅。
4. 将干净的炒锅上火，入油烧至四成热，下码味后的五花肉片滑散炒匀，放入姜片、蒜片、香辣酱、大葱粒、盐白菜、青美人椒块、红美人椒块炒香至熟，调入川盐1/4小匙、味精、白糖、香油炒匀出锅盛入汤碗中，四周围上煎好的馍馍成菜。

【大厨经验秘诀】

1. 和面糊时水应适当多加一点，和得太干在锅中不好煎，成菜口感不酥香。和好的面糊在锅遇热后应呈可以慢慢流淌的稠糊状，这样煎成的馍馍外皮口感干香而酥脆。
2. 做锅边馍馍最好用大的炒锅，面糊才有足够的滑动空间，其次可以在锅底加入一些沸水并用与水面差不多大小的锅子盖着，当面糊都挂满锅边时，用锅盖盖上，相当于锅贴的工艺，这样既可加快熟的速度，也更容易掌握煎好的馍馍表面的色泽与脆度。
3. 五花肉必须去皮，成菜口感才会滑嫩。码味时最好将五花肉片的色泽上至足够，成菜的口感和色泽才能充分激发人的食欲。酱油码少了肉片成菜不够红亮，酱油码得太多成菜后色泽太黑。
4. 炒制过程中需控制色拉油的用量，以使成菜呈现干香可口的口感。

▶**菜品变化：**鸡米芽菜，孜香羊肉煎饼，锅魁夹回锅肉

18. 色泽红亮、麻辣味浓厚

干锅排骨

味型：麻辣味　**烹饪工艺：**卤、炸、炒

原料：猪肋骨250克，莲藕50克，土豆50克，青笋50克，洋葱50克，青甜椒25克，红甜椒50克，干辣椒段5克，干红花椒3克，孜然粉3克，市售火锅底料50克，姜片20克，蒜片20克，大葱粒20克，香菜10克，卤水1锅（见253页）

调味料：川盐1/4小匙，味精1/2小匙，白糖1/4小匙，胡椒粉2克，料酒1/2杯，香油1/2杯，复制老油100毫升（见253页）

·烹调制法·

1. 猪肋骨宰成2.5厘米长的小段，入卤水锅煮沸后转中小火卤1小时，用漏勺捞出锅备用。
2. 莲藕、土豆、青笋去外表粗皮，洗净后均切成0.3厘米厚的片，青甜椒、红甜椒、洋葱切成小滚刀块备用。
3. 在干净炒锅内倒入七分满的油，大火烧至六成热，将卤熟的肋骨倒入油锅内炸干水份，用漏勺捞出锅沥油。然后保持大火将油锅温度再升至五成热，下藕片、土豆片、青笋片，过油炸一下即捞出锅备用。
4. 将油倒出，洗净炒锅，倒入复制老油，中火烧至四成热，下火锅底料、姜片、蒜片、大葱粒、干辣椒段、干红花椒、孜然粉炒香，放入排骨同炒入味，再放莲藕片、土豆片、青笋片、洋葱块、青甜椒块、红甜椒块一同翻炒均匀。
5. 用川盐、味精、白糖、胡椒粉、料酒、香油调味炒匀，出锅点缀香菜成菜。

【大厨经验秘诀】

1. 排骨肉厚度均匀、刀工处理长短一致是保持菜品成形美观的前提。
2. 卤排骨时需控制好时间，卤太久，太过粑软，成菜口感不干香，炒排骨时肉与骨也容易分开脱离，影响成菜口感及美观。卤排骨的时间不够，成菜后骨与肉不能分离，口感老韧，影响食用。
3. 卤好的排骨入油锅炸为的是减少排骨的水分，使排骨干香可口。
4. 炒排骨时火力不宜过大，宜中小火慢慢炒入味，大火容易将干辣椒、花椒烧煳，影响成菜味道。

▶ **菜品变化：**干锅盆盆虾，干锅鸡，干锅牛蛙

在川菜中，“干锅”指的是一种烹调手法，干锅菜品的风味以麻辣味为中心，入口干香味浓郁而悠长，有麻辣火锅的快感，却没有火锅的汤汤水水而得名。在四川干锅菜与麻辣火锅有一共通之处，就是这基础锅底料的配方是每家干锅、火锅店的命脉。因此每一家以干锅菜为特色的餐馆酒楼其风味差异的关键就在干锅底料，然后在这基础上因应食材调味或适当加重特定香辛料的使用，所以干锅店也都有专属的“炒料师”。

话说在酷暑的三伏天，四川人总爱来上一锅干锅菜品，三朋四友围桌一坐，来上几瓶冰镇啤酒，吃得是麻辣过瘾、大汗淋漓，再一杯冰啤酒下肚！这可是川人们在酷暑天里的“爽”事！

火锅在四川吃法多样，如这家在成都十分火爆的火锅店，外观装潢都不起眼，但在饭点时间一般需等位一两个小时以上。吃法奇特，一上锅底，就将所有生鲜食材全下去煮，全煮熟后才开始吃，与多数火锅是边烫边吃的相比，确实是独树一格。

19.

入口麻辣、细嫩、鲜香，回味厚重

肥肠血旺

| **味型：** 麻辣味　| **烹饪工艺：** 煮

原料： 鲜猪血1000克（或熟猪血600克），洗净猪肥肠500克，姜片50克，大葱段50克，芹菜末50克，香菜末30克，小葱葱花50克，油酥黄豆50克（见255页），熟油辣椒80克（见253页），花椒粉20克，熟白芝麻10克

调味料： 川盐1大匙，味精1小匙，陈醋1大匙，香油1大匙1小匙

·烹调制法·

1 取一适当大小的干净汤锅置于火上，加水至七分满，将鲜猪血用尖刀划成3厘米见方的块后倒入锅中，用川盐调味后开小火，慢慢煮约2小时至猪血熟透，然后保温备用。若买的是熟猪血，则是放入以川盐调好味的水中，以小火煮至微沸，煮约半小时使其入味，一样保温备用。

2 另取一干净炒锅上火，锅中加水至七分满后放入姜、大葱。肥肠搓洗干净后放入炒锅中，大火烧开后转小火煮约2小时熟透后，用川盐调味，再续煮至肥肠糯口，用漏勺捞出锅，待不烫手后切成2厘米见方的块备用。

3 取一干净汤碗，调入芹菜末、香菜末、葱花、味精、陈醋、香油、熟油辣椒垫底，将猪血块舀入汤碗内，再将肥肠烫热后盖在猪血块上面。

4 将花椒粉撒在汤碗中，再撒入油酥黄豆、熟白芝麻提味、点缀即成菜。

【大厨经验秘诀】

1 花椒粉是这道菜品的灵魂，上等大红袍干红花椒是首选，利用其粗犷麻感、浓郁椒香气带出麻辣味的厚重特色。

2 熟油辣椒的风味是这道菜的美味关键，好的熟油辣椒应是辣而不燥、香辣味浓厚，这样做出的肥肠血旺麻辣味才浓厚，回味才会厚重而悠长。

3 此菜用的猪血一定要新鲜，且最好是鲜的，便于控制底味与嫩度。因此鲜猪血下锅后盐味要先调足，煮时保持锅内微沸不腾。若火大则猪血成形后有蜂窝眼，且质地变老不够细嫩。盐味太淡则成菜后不够味，吃起来滋味寡薄。

4 麻辣味的菜品切记盐味不能淡，否则成菜后不只感觉没盐没味，还空麻空辣、味味空虚，没有厚实感。

▶ **菜品变化：** 肥肠豆花，肥肠面，肥肠粉

大邑安仁古镇街上的百年打铁店。

肥肠血旺长期以来在餐饮市场上经久不衰，声名在外，不只四川各地均可见到它的身影，现今几乎有川菜馆的地方就见得到这道菜。这道名菜实际来自成都郊县大邑县，自清中期起就是大邑县的特色名菜，以鲜嫩味美、麻辣舒适，色香味一体著称。

当菜品上桌，夹一血旺入口是细嫩化渣，肥肠是炽软适中，麻辣鲜香俱全，真让人停不了口。俗话说：好菜来自民间！真是不假。

20.

烧椒煳香味浓，质地细嫩爽口

烧椒茄子

味型：家常味　**烹饪工艺：**烧、蒸、淋

每逢夏天，烧椒茄子的滋味总在我的脑海中回荡。

这回味无穷的情感味觉记忆源自我的童年！还记得小时候，春夏季节，正是青二荆条辣椒挂上枝头，茄子也正肥嫩的时候。下午饭前，从田里回家时无须母亲交代，自己会摘上两个成熟的茄子加上一大把绿油油的二荆条辣椒。到家后，辣椒用竹扦连成一串，茄子放入正在蒸饭的甑子中蒸熟，同时利用灶里的柴火把辣椒烧出虎皮状的斑点，微微带点焦煳状后取出，拍掉辣椒表面的灰，放入碗里，捣制成烧焦酱汁。把已熟的茄子撕成条状后放入碗中，浇上烧椒酱汁，还记得那烧椒特有的香味，总是能让我多吃两碗米饭。

原料：青二荆条辣椒200克，茄子400克，独大头25克

调味料：川盐1/2小匙，味精1/2小匙，生菜籽油3大匙

·烹调制法·

① 青二荆条辣椒带蒂把洗净后，用2根铁钎穿成串。

② 将柴火点燃后烧一会，等浓烟散尽且无较大的明火时，把串好的青二荆条辣椒置于柴火上烧烤，同时不停地翻面，等青二荆条辣椒表面呈虎皮略带点焦黑状时，取出拍去表面的柴灰，放入碗内。

③ 独头蒜去皮洗净后放入盛烧椒的碗内，调入川盐、味精，用木棍捣成蓉状，加入生菜籽油调匀即成烧椒汁，备用。

④ 茄子洗净放入蒸锅内，大火蒸约10分钟，取出趁热撕成条状放入盘内，淋上烧椒汁成菜。

【大厨经验秘诀】

❶ 青二荆条辣椒选用立秋以前的为佳，立秋后的辣椒籽多、皮厚，缺乏辣椒的清香味。

❷ 青二荆条辣椒用柴火或木炭火来烧烤最好，烧椒味更浓厚。不可使用燃气炉火直接烤辣椒，燃气直接燃烧释放出的一氧化碳渗入辣椒内，容易食物中毒。

❸ 在城市里不方便使用柴火，可以用铁锅置于燃气炉火源上，将铁锅烧红，放入青二荆条辣椒在铁锅内直接烧成虎皮状即可。

❹ 茄子最好用蒸的方法，成菜清香细嫩，开水煮熟的茄子含水重，成菜后会稀释烧椒味，口味就没有浓厚感。

❺ 烧椒尽可能在碗里捣成蓉，这样更容易入味且有浓厚感，用刀口剁出的烧椒味略差。

▶ **菜品变化：**烧椒皮蛋，烧椒黑鸡脚，烧椒牛肉

21.

入口脆爽，酸辣味浓厚

小尖椒爱豇豆

| **味型：**煳辣味 | **烹饪工艺：**炒

泡豇豆虽然并非川菜地区独有，但四川人将这豇豆泡得是入口脆爽、酸香，开胃又提神醒脑，既可以单独成菜，也可以当作调辅料来使用，可说是川菜调辅料中的一绝。

在炎热的夏天，四川盆地地处热而潮湿的环境，人们容易疲倦，味觉也跟着处于困乏之中，常是看着桌上菜品却没有食欲。川人这时喜欢先喝碗粥充饥、解暑，再来碟泡豇豆，速速将味蕾唤醒，好饱餐一顿。

这道小尖椒爱豇豆的做法、口味都极为家常，精妙之处就在于泡豇豆配上鲜豇豆所营造的多层次滋味与口感，让人一想就食欲大增，酸香脆爽配上大口白米饭真是舒爽、巴适！这道菜还能当作吃面条时的浇料，酸香脆爽让幸福感倍增。

原料：泡豇豆300克，猪肉末100克，青二荆条辣椒圈100克，干红花椒20粒，干辣椒段20克，葱花10克，鲜豇豆100克

调味料：川盐1/4小匙，味精1/2小匙，香油2小匙，色拉油3大匙

·烹调制法·

1. 将泡豇豆、鲜豇豆分别切成长0.5厘米的颗粒，鲜豇豆入沸水锅中汆一下备用。
2. 取干净炒锅上火，倒入色拉油烧至四成热，下猪肉末入锅炒散，煵炒至干香，放入干红花椒、干辣椒段炒出香味。
3. 将泡豇豆粒、鲜豇豆粒、青二荆条辣椒圈入锅炒匀炒香，调入川盐、味精、香油、葱花炒匀出锅成菜。

【大厨经验秘诀】

1. 鲜豇豆应选色泽好、饱满、新鲜的，鲜香而脆爽，不能选空心、空籽的豇豆，口感不脆爽，老而无味。
2. 泡豇豆应选色泽黄亮、咸度适中、酸香味浓、口感脆爽的原料。色泽不鲜、口感不脆、酸香味不浓，无法起开胃的效果，只要泡豇豆是空心的，成菜口感肯定软绵不脆爽。
3. 炒干辣椒、干红花椒的温度在60℃左右。油温过低煳辣味不浓厚，香气不足，油温过高容易变焦产生煳味，影响成菜色泽。
4. 泡豇豆在烹调前最好试一下咸味，如果泡豇豆含盐量过高，最好用温水浸泡20分钟以去除多余盐份。
5. 此菜加入新鲜豇豆的目的有三，一是为减少盐分，二是增加菜品的鲜绿感观，三是增加口感变化与滋味层次。

▶ **菜品变化：**泡豇豆煸鲫鱼，泡豇豆炒玉米粒，泡豇豆炒米饭

22. 入口劲道，酸辣开胃

泡野山椒面疙瘩

味型：酸辣味　**烹饪工艺：**煮、烩

原料：面粉200克，淀粉100克，鸡蛋1个，水350毫升，菜心2棵，西红柿1个，泡野山椒1瓶，泡酸菜50克，生姜片10克，大葱段20克

调味料：川盐3/4小匙，味精1/2小匙，泡野山椒水4小匙，色拉油3大匙，水淀粉3大匙，清鸡汤300毫升（见252页）

·烹调制法·

1. 将面粉、淀粉放入盘中，加鸡蛋、川盐1/2小匙、水50毫升搅拌成面团。菜心择洗干净，西红柿去皮后切成荷叶片，泡野山椒去蒂切成0.5厘米长的颗粒，泡酸菜用清水泡去多余的盐分后切成小薄片。

2. 将干净炒锅置于灶上，入水七分满，大火烧沸转小火，用汤匙将面团刮成条状入锅，煮约2分钟至熟透，用漏勺捞出。

3. 将炒锅内的水倒掉，洗净炒锅置于火上，入色拉油3大匙，中火烧至四成热，下泡酸菜、泡野山椒、生姜片、大葱段爆香，加入清鸡汤烧沸，下煮熟的面条，调入川盐1/4小匙、味精，泡野山椒水烧透。

4. 将菜心、西红柿片放入锅中稍煮至断生，然后用水淀粉收汁，出锅成菜。

【大厨经验秘诀】

1. 面团调制比例为淀粉1份、面粉2份，水1/2份，水可在此基础上适当增减，调整面团的干湿度。一般判断方式是以手指压一下揉好后的面团，感觉是软而有劲，面团会稍微回弹，揉搓面团时，面团不沾手、不沾盆。因为面团太干成形不好看，影响美观；面团太稀入锅易溶化，入口不劲道、难以成形。

2. 和面团时加入淀粉、川盐是为了让面团成菜以后更洁白、更筋道。

3. 面疙瘩的制作成形大小直接影响成菜的美观，其大小应均匀、长短相当。

4. 加入菜心和西红柿的主要目的是调节成菜的色泽搭配。

5. 宜根据食客们的味觉需求来控制泡野山椒与山椒水的用量，泡野山椒用量多，成菜辣味就浓而刺激，用量少则酸辣味清爽；但用太少，酸辣味不够突出就会失去这道菜的特色。

▶ **菜品变化：**酸菜烩面片，野菌面疙瘩，海味三鲜烩面疙瘩

保山市郊农村仍保有很多勾起童年记忆的场景，漫步其中可以感受到宁静朴实的美。

川菜真的都很辣吗？其实这是一大误解，川菜辣椒用得多是辣椒的香，至于辣度就像盐味一样，适度、能提味就足够，川人爱吃香辣但可不想要让人难受的爆辣。记得20世纪80年代，泡野山椒过于辛辣而受到餐馆酒楼的食客排斥，当时受欢迎的麻辣菜品多是用二荆条辣椒这类香而微辣的辣椒所烹制的。

随着生活环境的改变，全国各地食材都很容易取得，加上30年的味觉变化，泡野山椒的酸辣开胃、刺激提神，成了好吃嘴、美食爱好者的最爱，特别是90后的年轻人。泡野山椒也走入百姓餐桌成为川人家常食用的辣椒品种之一。这道原是家常的面疙瘩，在传统温和酸香味基础上增添更鲜明的酸辣刺激滋味，一度成为餐饮市场的火爆菜品。

20世纪60~70年代，每逢春节，川西坝子的人们家家都要做豆腐、汤圆、腊肉、香肠等食品喜迎新春佳节，同时也作为款待走亲访友的佳肴或伴手礼。然而当时生活物资紧缺，在乡下的冬季，也没有太多菜品可以上桌入席，加上储存条件相当差，只能想方设法让食物、原料尽可能延长存放时间。

其中的豆腐是最容易坏的，室温下，夏天常是半天就坏了，到冬天最多三五天就发酵变酸了。聪明的祖辈们通过长期的经验累积，以现代的科学语言就是所谓的“大数据”，发现豆腐中的水分是豆腐酸败的主因，于是有了将老豆腐切成0.5厘米厚的片，入烧热的大铁锅内，用小火慢煎逼出豆腐里的水分至豆腐两面变黄以延长保存时间的工艺，用这种工艺处理过的豆腐就称为“二面黄”，口感变扎实了，风味也多了些干香。二面黄因为水分较少，烹煮时多与其他油水较重的原料一同烹制成菜。

腊肉的制作，最原始的目的是用于保存，在较为偏乡的农家里仍可见到这似乎仅存在记忆中的场景。

原料： 沮水豆腐500克，青蒜苗50克，五花腊肉100克

调味料： 川盐1/4小匙，味精1/2小匙，菜籽油3大匙

·烹调制法·

1. 将沮水豆腐切成0.5厘米厚的片，青蒜苗洗净切成2厘米长的段备用。
2. 取一干净炒锅上火，倒入菜籽油，放切好的豆腐入锅，小火慢慢将豆腐两面煎干、煎黄，煎的过程中加点川盐调味后，出锅备用。
3. 洗净炒锅加入清水，五花腊肉入清水锅中，大火烧沸转小火煮40分钟取出，切成0.3厘米厚的片备用。
4. 倒掉煮腊肉的水后洗净炒锅，置于火上，入菜籽油烧至六成热，倒去多余的油，再下切好的五花腊肉煸香、吐油时，下入煎好的豆腐、青蒜苗同炒，并调入川盐、味精炒匀，至入味出锅成菜。

【大厨经验秘诀】

1. 豆腐一定用老豆腐，即沮水豆腐，石膏豆腐含水太多，质地较嫩，不易煎制成形。
2. 豆腐一定用热锅小火煎，边煎边用川盐调味，这样既方便储存，也方便豆腐入味。切忌豆腐入油锅内急炸成菜，这样处理的豆腐没有豆腐清香味，更显油腻。
3. 腊肉选肥瘦紧密的五花腊肉，必须将五花腊肉的油脂炒出来融入豆腐中，才能体现这道菜的特色。

▶ **菜品变化：** 砂锅二面黄，盐菜炒二面黄，青椒二面黄

23\. 腊肉滑嫩，豆腐清香中融入烟熏味

二面黄炒腊肉

味型：烟熏咸鲜味 | **烹饪工艺：**煎、炒

24.

外酥里软，色泽黄亮

酸菜炒汤圆

味型：煳辣甜咸味　**烹饪工艺：**炸、炒

原料：黑芝麻汤圆15个，泡酸菜100克，青二荆条辣椒圈50克，红二荆条辣椒圈50克，干辣椒段25克，干青花椒1克，炒熟白芝麻1克，葱花5克

调味料：川盐1/4小匙，味精1/2小匙，香油2小匙，色拉油3大匙

·烹调制法·

1. 泡酸菜泡去多余的盐分，挤干水分后切成碎末，备用。
2. 干净炒锅内加入油至七分满，大火烧至六成热，将冷冻黑芝麻汤圆放入油锅，先炸成金黄色后转小火，低温浸炸，适度推滑至熟透，捞起沥油。
3. 倒出锅内的余油，留约3大匙油，大火烧至四成热，下干辣椒段、干青花椒炝香后，放泡酸菜碎末、青红二荆条圈炒香，下炸好的汤圆翻炒。
4. 用川盐、味精、香油调味，再放炒熟白芝麻、葱花翻炒均匀出锅成菜。

【大厨经验秘诀】

1. 汤圆用冷冻成形的汤圆，现做现包成形的汤圆不易炸制成形，冷冻汤圆不要选相互粘连一团的，最好选用一个个成形的汤圆，否则炸时容易粘连。
2. 注意掌握炸汤圆时的油温、火候，因冷冻汤圆入油锅会立即降低油温，容易产生相互粘连，因此需先高温、大火炸上色，再转中火、低温浸炸至熟，否则汤圆成菜色泽不黄亮，成菜会缺乏诱人食欲的色泽。
3. 炸汤圆时严禁用锅铲在油锅中不停地搅动，防止汤圆粘锅底只需随时晃动锅柄即可，用勺搅动容易将汤圆碰裂而不成形，影响美观。
4. 汤圆炸好后入锅内不宜久炒，久炒及过度翻锅也容易把汤圆碰碎。

▶**菜品变化：**年糕炒香辣蟹，酸菜炒春笋，汤圆烧牛肉

传统习俗上，北方的春节吃饺子，南方的春节吃汤圆，而在正月十五元宵节时全国上下家家户户都吃汤圆。在四川，不包馅的叫粉子，包馅的叫汤圆，依馅料来分有甜味汤圆和咸味汤圆，川菜地区甜味多为芝麻馅、红糖馅、莲蓉馅；咸味则以各种鲜肉、腊肉、酱肉同蔬菜调和而成。汤圆多半是煮、蒸着吃，还有少数炸着吃，有一传统吃法就是炸好后淋上糖浆、糖粉，就叫炸汤圆。

把汤圆炒着吃，则是2001年起自重庆郊县一间以家常菜闻名的休闲农庄推上市场后开始流行起来，将原本干甜香为主的芝麻馅的甜点炸汤圆改为炒制成菜，更加入酸菜及其他调辅料，于是咸酸香辣甜都有了，产生一种近似“怪味”的奇特滋味，却比怪味多了滋味及此起彼伏的趣味。

在四川，不包馅的汤圆叫粉子，包馅的才叫汤圆，除了是特定节日的美食，更是四川人在寒冬中最温暖的早点，热烫烫的汤圆或粉子加入醪糟、淋上糖水，可以的话再加个鸡蛋，那甜香糯让整个人都暖起来。

25.

酱香味厚重，糯糍适口

糯米蒸肥肠

味型：酱香型　**烹饪工艺：**蒸

在川菜中肥肠成菜的方式多以卤、火爆、干煸来呈现，其中比较有名气的是肥肠粉。肥肠是猪身上的一种下脚料，由于它腥味比较大，加上清洗、烹调流程相对繁琐，有段时间人们很少在家里烹制相关的菜肴，其实只要掌握去腥除异的技巧就能轻松烹调出肥肠鲜香肥美的滋味。而且现今拜市场规模化之赐，可以买到经专业人员理净的肥肠，让原本就是家常菜的肥肠菜肴更便于在家烹制。

原料：理净鲜肥肠500克，圆糯米250克，葱花10克，红甜椒粒15克，泡软干荷叶1张

调味料：香辣酱4小匙，叉烧酱3小匙，排骨酱3小匙，柱候酱2小匙，豆腐乳1小匙，川盐1/4小匙，味精1/2小匙，白糖1/4小匙，料酒4大匙，香油1大匙1小匙，藤椒油2小匙

·烹调制法·

1. 圆糯米淘洗干净后用清水浸泡8小时，捞出沥干水份，备用。
2. 将理净的肥肠入沸水锅中汆烫一下，用漏勺捞出锅，沥干水份备用。
3. 肥肠切成3厘米左右的小滚刀块，用香辣酱、叉烧酱、排骨酱、柱候酱、豆腐乳拌均匀，再用川盐、味精、白糖、料酒、香油、藤椒油调味，和匀后备用。
4. 将荷叶修剪成小蒸笼大小的尺寸，垫于蒸笼底部。在荷叶上铺上一层泡发好的糯米，糯米上面铺一层腌制入味的肥肠，将表面整理平整。
5. 取一干净炒锅置于灶上，锅内加水，大火烧开后，将蒸笼置于锅内大火蒸80分钟左右即可。取出蒸笼后，在其上点缀红甜椒粒、葱花成菜。

【大厨经验秘诀】

1. 鲜肥肠一定要将其黏液去除干净，这样肥肠成菜才没有腥味。若买的是未清洗干净的鲜肥肠，可以先用面粉50克（以清洗500克计）里外揉搓约10分钟，再加入陈醋75克反复搓洗里外约15分钟，然后用清水将搓洗的面糊冲洗干净，就完成了初步的清洗工作。
2. 去掉肥肠表面不干净的部分油脂，均匀的留约1/3的干净油脂在肥肠上。油脂去得太干净成菜口感不够滋润，不容易吸味。油脂保留得太多则影响成菜美感，且口感太腻。
3. 糯米浸泡时间至少1个夜晚（8小时），成菜口感才能较为滋糯干香。如果采用将糯米入沸水锅煮到七八成熟，然后沥干水分入笼蒸的办法虽然省时，但软硬度不容易掌握得恰到好处，这样成菜的糯米口感比较软，欠缺干香气，且容易粘成一团，既影响美味度，也不够美观。
4. 一定要控制好糯米入笼的蒸制时间，若蒸制时间太短，糯米和肥肠的口感不软糯、不爽口，食用时会有顶牙的感觉；蒸太久糯米和肥肠口感软烂不香。

▶**菜品变化：**绿豆糯米鸡，糯米蒸腊蹄，龙眼甜烧白

成都百花潭公园是体验成都慢生活的好去处，从散步、赏景、赏花、喝茶到棋牌一应俱全，又互不干扰。

第四篇

川菜经典菜的口味特色在于以香辣味、鲜辣味、鲜麻味为主调，口味厚重、回味悠长，独具川菜个性与地方特色。成菜形式以半汤半汁为多，确保每一口都能有饱满的味汁，以得到厚实的味感。色泽上浓郁而正，也就是该红的必须红亮、绿的必须保持翠绿。经典菜的味虽然厚重，口味优劣关键在于回味时层次感的丰富度，因此每道经典菜肴都有属于自己的、堪称亮点的烹调工艺。

经典菜
[重回味]

川菜最喜爱的二荆条干辣椒，又称皱皮椒，椒香味浓，辣度温和略带回甜。

经典菜特点

经典川菜里说经典

关于经典菜一词，对我而言是某一时期，既传承又创新，获得市场认可并产生话题或影响餐饮业走向的菜品。在川菜界另有两种说法，一是指传承下来、有一定知名度的菜品；二是时下火爆热卖的菜品。说法不同界定出来的经典菜品就不一样，即使有部分重叠。

另一方面，经典菜的形成需要时间累积、淬炼，刚推出菜品时可能是所谓的新派菜、创新菜！经过时间推移，从整个餐饮市场的角度来回顾这道菜，会发现这菜品的色、香、味或其中之一形成系列，在市场中延续并推陈出新。因此，就能说川菜经典菜的特色在于成菜口味上极具川菜系的地方特色，无论是菜肴的成菜个性或是烹调工艺都有自己的亮点。

从味型来看，川味经典菜以香辣味、鲜辣味、鲜麻味为主，其中香辣味一直是川菜中的传统经典风味，在新食代香辣味依旧风迷众多的好吃嘴（指爱吃的人或族群）。鲜辣味在川菜传统中也有，但都是附属在其他味型之下，如家常鲜椒味、鲜椒麻辣味等，独立成单一味型则是因近二三十年间菜系交流频繁后，借鉴湘菜调辣手法才在餐饮市场中流行起来而逐渐定形。鲜麻味在出现的当年，可说是完全创新的味型，完全是因三十多年前青花椒使用的推广，加上保鲜技术的进步，才在大众餐饮市场中兴起而成形，传统对应的味型就是椒麻味，差别就在一青一红、一鲜一干。

唯有个性才能成就经典

菜品有个性在川味经典菜中是必备条件，因此在选料上常重用鲜绿的青二荆条、红彤彤的小米辣作为基调，其回味较为厚重，能让食客吃后记忆深刻，且菜肴色泽浓郁而纯正更能彰显个性加深印象。

烹调上就必须在色、香、味方面做到差异化，如香气上突出青二荆条的清香味或小米辣的鲜辣味，因此烹调工艺上多以烧、焖、炝的方式成菜。而口味调理偏好半汤半汁的形式成菜，让滋汁能更好地附着在食材上，回味才厚重。象是常用味

位于成都新都区的桂湖园林是明代状元杨升庵所兴建，是文人园林中的经典。

型香辣味、鲜辣味、鲜麻味就特别需要厚重的味觉特点，层次感、丰厚感才出得来。为了再次强化菜肴的风味，成菜后大多以烧热的砂锅、石锅、铁板、煲仔来盛菜，通过上桌后持续的加热，不只香气更强，口味也更加浓厚。

菜品烹煮好后，装盘也是一个关键，因为菜肴上桌，给食客的第一印象除了香气就是装盘。经典菜品的市场是相对大众的，因此装盘成形多半要大气而特点鲜明，一上桌就能震慑全场。因菜品汤汁多，在装盘上较难呈现立体感，要展现这种震撼感，就变成常要在颜色上让人眼睛一亮，也就是前面说的要色泽浓郁纯正，红就必须红亮，绿就必须翠绿。

因为经典菜品较为大气，食用风情相对豪迈而爽快，在亲朋好友的聚会场合中品尝一两道口味这样浓厚的菜肴，那麻、辣、香一定能让每个人额头冒汗、头顶冒烟、嘴唇跳舞，再来上几杯冰镇啤酒那才叫爽呀！

在传统与现代的交融中，酒楼风格也是一种个性。

红是红、绿是绿的小米椒。

26. 入口筋道而有弹性，红亮润泽而鲜香

藤椒钵钵鸡

| **味型：**麻辣味 | **烹饪工艺：**煮、拌

原料：煮熟土公鸡一只约1500克（含鸡杂），白芝麻100克，小葱葱花20克，八角30克，香叶（肉桂叶）20克，小茴香15克，白扣15克，生姜150克，青笋50克，藕50克，木耳50克，大葱100克，花椒粉5克

调味料：川盐1/4小匙，味精1/2小匙，料酒1杯，香油3大匙，红油1/2杯，蚝油3大匙，美极酱油3大匙，辣鲜露3大匙，陈醋2小匙，藤椒油3大匙，白糖1小匙，酱油2小匙，清鸡汤1000毫升（见252页）

·烹调制法·

1 将煮熟的鸡肉去大骨后片成薄片，鸡杂改刀成块或片；青笋、藕、木耳分别切成0.2厘米厚的片，汆水至熟备用。用长竹扦分别将鸡肉、鸡杂、青笋、藕、木耳逐一串成串。

2 清鸡汤中加入川盐、味精、香油、蚝油、美极酱油、辣鲜露、陈醋、白糖、酱油、红油、藤椒油、花椒粉、白芝麻调味后，盛入汤盘内。

3 将步骤1的原料放入步骤2的汤料盆内，撒上葱花成菜。

【大厨经验秘诀】

1 鸡选用放养跑山土公鸡，生长周期在12个月左右，其肉质成菜比较筋道，肉味足、香甜而绵长。

2 鸡肉煮至熟透、柔软时，离开火源浸泡在煮鸡的原汤中冷却，是为了保持鸡肉成菜后更加细嫩、滋润。

3 煮鸡时川盐的底味必须足，否则成菜后的鸡肉在口中嚼咬时间稍长就会显得鸡肉无味。且原料放入清鸡汤调制的汤料中食用时，盐味会更醇。

4 掌握红油、藤椒油、花椒粉与清鸡汤的浓度比例，才能体现此道菜品鲜香的特点。

▶ **菜品变化：**棒棒鸡，麻辣鸡，冷锅串串香

钵钵鸡是洪雅县著名特色美食，在街边小店，一坐上矮凳，就见老板端来两大钵，这可不是全要吃完，而是吃一串算一串。

川西的乐山钵钵鸡是川菜的一绝！

钵钵是川人对瓦罐的称呼，钵内多盛放各种口味的佐料，食材在加工、晾凉后用竹扦串起，早期以鸡肉为主，浸于有着各种口味佐料的钵中。食用时自取自食，再以串的数量算钱，滋味丰厚、回味悠长，那风情更是有趣。外地游客来到四川，没有尝过钵钵鸡就不算到过四川！因为钵钵鸡，吃不饱却一堆人围坐吃的风情，突显川人好辛香的饮食偏好，多样的口味则体现川菜尚滋味的特点。必须尝钵钵鸡，才能懂四川人的吃情！

27. 麻辣鲜香、回味厚重而悠长

双椒香辣虾

味型：麻辣味　**烹饪工艺：**炸、炒

原料：基围虾（沙虾）500克，大青甜椒50克，大红甜椒50克，洋葱75克，姜20克，大蒜30克，葱花20克，白芝麻30克，干红花椒30克，干辣椒段150克，吉士粉20克，淀粉100克，市售火锅底料100克

调味料：川盐1/4小匙，味精1/2小匙，白糖1/4小匙，蚝油50克，胡椒粉1/4小匙，料酒1/2杯，香油3大匙，花椒油3大匙，复制香辣油100毫升（见253页）

·烹调制法·

1. 将基围虾去须、脚，背部剖开挑去沙线备用；青甜椒、红甜椒、洋葱洗净后切成滚刀块备用；姜、大蒜拍破备用。
2. 置净炒锅于火上，倒入色拉油至七分满，大火烧至五成热，将理净的虾均匀拍上吉士粉、淀粉后入油锅，炸至虾外表酥脆、熟透后，出锅沥油备用。
3. 炒锅洗净上火，下入复制香辣油，中火烧至四成热，入姜块、大蒜瓣爆香，下干辣椒段、干红花椒炒香，再放入火锅底料、白芝麻炒至色泽红润，将炸好的虾放入锅翻炒。
4. 加川盐、味精、白糖、蚝油、胡椒粉、料酒、香油、花椒油入锅中调味，随即放入大青红甜椒块、洋葱块翻炒至熟出锅，点缀葱花成菜。

【大厨经验秘诀】

1. 基围虾应选个头大小均匀、鲜活的，成菜美观也美味。死虾的头部容易变黑，肉质老、腥味重且不易入味。
2. 将虾的背部剖一刀是为了方便去除沙线，且更方便基围虾成菜入味增香。
3. 炸虾的油温控制在150~180℃，油温太低虾入口不酥脆，缺乏干香味，油温过高成菜色泽容易变得黯黑。
4. 炒制干红花椒、干辣椒的油温在180℃左右才能短时间激发出它特有的煳辣香味，又不致于释出过多的辣度与麻度。

▶**菜品变化：**香辣蟹，香辣蛏子皇，香辣嫩兔

成都府南河夜景，河岸边就是著名的兰桂坊。

话说在各大菜系流派中，菜品中使用干辣椒的不在少数，花椒就运用得少，只有四川厨师们能将各种辣椒与花椒的搭配运用发挥得淋漓尽致，让不了解川菜的外地食客们，对辣椒、花椒所烹调出的特有麻香滋味上瘾！

20世纪90年代，最流行的麻辣味川菜是香辣虾和香辣蟹，一时风靡大江南北，很多慕名而来的美食好吃嘴、餐饮业同行、餐馆经营者不计代价从外地飞来成都，感受这麻辣鲜香、回味厚重的独特美食。在这基础上进化而来的双椒香辣虾滋味更绝妙！

28. 色泽红亮、入口滑嫩、香味浓厚

招牌馋嘴蛙

| **味型：**麻辣味 | **烹饪工艺：**烧、烩

川菜特点是以味为先，取材广泛，常能将极为普通的食材做到极致，也因此在北京、上海一些特色川菜馆中，若菜牌上连起码的馋嘴蛙、水煮鱼都没有，那就不是正宗的川菜馆了。这道招牌馋嘴蛙是以美蛙（美国牛蛙）为主食材，结合川菜多变味型、麻辣鲜香的独特工艺，煮熟后肉骨自然分离，肉厚实而鲜美，受到很大一批美食爱好者的热爱。在餐饮市场中牛蛙产量大、成本适中也深受厨师们及经营者推崇。

原料： 理净牛蛙500克，青笋300克，香菇50克，子弹头泡椒50克，姜末25克，蒜末30克，大葱粒50克，市售火锅底料25克，郫县豆瓣50克，干辣椒段35克，干红花椒5克，香菜段10克，淀粉35克，水淀粉50克

调味料： 川盐1/4小匙，味精1/2小匙，白糖1/4小匙，料酒1/2杯，香油3大匙，陈醋1小匙，复制老油6大匙（见253页），高汤300毫升（见252页）

·烹调制法·

❶ 牛蛙剁成2.5厘米见方的块，洗净备用；青笋去皮洗净后切成约2厘米的滚刀块；香菇泡发处理干净后切成约2厘米的块。

❷ 牛蛙肉块用川盐、料酒、淀粉码味上浆。

❸ 取干净炒锅上火，倒入色拉油至六分满，大火烧至四成热，下码好味的牛蛙肉入油锅内滑散，定形后用漏勺捞出锅沥油。

❹ 炒锅洗净后加入清水烧沸，青笋块、香菇块入锅中煮3分钟，出锅沥水备用。

❺ 洗净炒锅，倒入复制老油3大匙，中火烧至四成热，下郫县豆瓣、姜蒜末、大葱粒、子弹头泡椒炒香，加入火锅底料炒约2分钟，加入高汤烧沸，转小火熬5分钟。

❻ 将滑油后的牛蛙肉、青笋块、香菇块入锅，小火烧约4分钟至熟透，用川盐、味精、白糖、陈醋调味后，用水淀粉入锅收汁亮油，出锅盛入汤碗内。

❼ 炒锅洗净后上火，倒入复制老油3大匙、香油3大匙，中火烧至六成热，下花椒、干辣椒段入油锅内炝香后立即出锅，浇在碗内的牛蛙肉上，点缀香菜段成菜。

【大厨经验秘诀】

❶ 牛蛙肉刀工切块宜大小均匀适度，块太大食用不方便，且不容易入味，块过小烧制过程中收缩变小，易碎不成形，体现不出主料特点。

❷ 青笋、香菇也要大小均匀，成菜外观才好看，氽水的目的是去除原料本身的涩味，且能缩短烧制时间。

❸ 牛蛙肉先入油锅略炸定形比直接入汤锅内烧更加细嫩、入味，且缩短烹调时间。因油温比水温高，能更快速地让附着于蛙肉上的淀粉浆变成透明而华的外壳，使牛蛙肉水分不易向外流失，自然蛙肉成菜后会更加细嫩。

❹ 烧制时尽量用小火，时间久才入味，火若太大锅内汤汁容易形成糊稠状，成菜混浊不亮油，影响食欲。

❺ 最后出锅成菜时炝油，油温需在160~180℃之间，若油温过低，辣椒、花椒的香辣味激发不出来，油温过高则容易将花椒辣椒炒煳、变黑，影响成菜味道和美观。

▶**菜品变化：** 香锅鳝段，麻香泥鳅，飘香千层肚

在阴凉处，装满二荆条辣椒，加入川盐的泡菜坛子。

29. 质地脆爽、回味甘甜鲜香

干烧松茸

| **味型：** 咸鲜味 | **烹饪工艺：** 干烧

松茸主产于海拔3000米以上的地区，产季为每年的七八月，因产地偏远、产期短及运输、储存方面的影响，市场上可见的品种有鲜松茸、盐渍松茸、干制松茸等。干松茸大多炖汤，鲜松茸、盐渍松茸则是清炒为主。此道干烧松茸综合了川菜中干烧技法的成菜特点，微辣中保持松茸的营养，也展现松茸本身的清香，给食客的味蕾带来新鲜感受。

原料： 鲜松茸300克，去皮五花肉末100克，宜宾碎米芽菜50克，姜末20克，蒜末20克，青二荆条辣椒圈25克，红二荆条辣椒圈25克，小葱葱花30克，高汤300毫升（见252页）

调味料： 川盐1/4小匙，味精1/2小匙，香油1/2杯，色拉油40毫升

·烹调制法·

1. 将鲜松茸用竹器片把泥土刮洗干净，切成0.5厘米的厚片备用。
2. 干净炒锅上火，倒入色拉油40毫升烧至四成热，放入五花肉末，小火慢慢将肉末煵干水气至干香。
3. 将姜末、蒜末、宜宾碎米芽菜投入锅中煸炒1分钟，下切好的松茸片入锅炒匀，加入高汤，以中火烧沸后转中小火。
4. 用川盐、味精、香油调味，烧至汁干亮油时，投入青二荆条辣椒圈、红二荆条辣椒圈、葱花炒匀出锅成菜。

【大厨经验秘诀】

1. 鲜松茸选刚出土4~72小时的为最佳，成球形实心而未开成伞的为上品。
2. 干烧系列菜品的汤不宜加得太多，应与主料相当。汤太多烧的时间长，容易将主料煮烂、烧碎，成菜后不成形，汤汁不易烧干亮油，成菜后口感不够干香；汤加得太少，则主料不易烧至入味。
3. 干烧的火候宜选择中小火，大火易将汤汁烧煳、烧焦，中小火慢慢将汤汁烧透入主料内，成菜后风味可以更加醇厚。
4. 为防止主料粘锅，烧制过程中应随时晃动炒锅，使锅中原料在锅内转动，或用铲子将主料不停翻动。干烧菜的成菜过程是不能用加入淀粉的方式收汁，自然收汁亮油成菜才是正确的工艺。

▶ **菜品变化：** 干烧鲫鱼，干烧蹄筋，干烧冬笋

30. 色泽红亮、鲜辣酱香浓厚、入口滋糯鲜美

生爆大甲鱼

味型：鲜辣酱香味　**烹饪工艺：**爆炒、煸

甲鱼又称鳖，味甘，富含胶原蛋白，在华人饮食文化里是高贵的滋补食材，大多以汤品、药膳形式成菜，因此现今的年轻食客多将甲鱼视为传统的老派食材！

这里以爆炒的工艺将青辣椒的清香、小米椒的鲜辣、花椒的麻香味融入甲鱼肉、裙边内，成菜风格是新时代年轻人爱好的色泽红亮、滋味厚重，很能代表新世纪味觉趋势，更能彰显川味善变的特色。

原料：甲鱼1500克，青二荆条辣椒丁100克，红小米辣椒丁100克，生姜20克，大蒜丁80克，干青花椒20克，鲜花椒250克，罐装红烧扣肉1罐，香辣酱20克，大葱100克，叉烧酱20克，海鲜酱20克，蚝油10克

调味料：川盐1/4小匙，味精1/2小匙，白糖1/4小匙，胡椒粉2克，老抽2小匙，广东米酒300克，香油2大匙，藤椒油3小匙，复制老油150克（见253页）

·烹调制法·

1. 将甲鱼宰杀、去血、去内脏，烫去外表粗皮、去除油脂、去除脚趾甲后处理干净。剁成2.5厘米见方的块备用。
2. 罐装红烧扣肉蒸热后，用果汁机连汁带肉搅拌成红烧扣肉蓉汁；生姜、大葱加广东米酒，同样用果汁机一起搅成米酒蓉汁；香辣酱、叉烧酱、海鲜酱、蚝油混在一起调成香辣酱汁。
3. 干净炒锅置于火上，入复制老油烧至五成热，下甲鱼肉块、大蒜丁入锅炒干水分，放干青花椒、红小米辣椒入锅翻炒至香，调入步骤2的米酒蓉汁、老抽翻炒均匀至甲鱼上色。
4. 调入红烧扣肉蓉汁、香辣酱汁，中火收汁亮油，甲鱼入味细嫩，用川盐、味精、白糖、胡椒粉、香油、藤椒油调味，下青二荆条辣椒丁、鲜花椒入锅与甲鱼同炒至熟，出锅成菜。

【大厨经验秘诀】

1. 甲鱼必须先去除表面粗皮，以免影响成菜口感。去皮的水温不宜超过80℃，过高水温烫的甲鱼其皮与肉粘连，不易除掉，成菜肉质不够鲜嫩，水温低于60℃则甲鱼粗皮去不掉，成菜口感粗糙。
2. 爆炒类菜品成菜形状不宜过大，因此甲鱼宰太大块不易炒熟，成形不美观，甲鱼宰得太小块，成菜容易入味过重，影响味觉，且成形零散。
3. 甲鱼的脂肪必须去除干净，否则甲鱼成菜后肉质变得绵韧且腥味重。
4. 把握各酱汁的比例、用量及时间，酱汁入锅太早、火力过大，爆炒时容易粘锅变味，一定要在甲鱼爆干水分后再倒入调味汁，否则甲鱼不香、味不浓。
5. 特调的广东米酒汁能给甲鱼去除腥味、增香，还能使爆干水分的甲鱼肉回软、细嫩，入味更浓。

▶**菜品变化：**滋补养生甲鱼，粉蒸大甲鱼，土豆烧甲鱼

成都自古以来就是一座好休闲爱美食的城市，除了川菜，四川的糕点也绝不能错过。

31.

吃法新颖，泡椒味浓厚，嫩滑爽口

绍子烤脑花

| **味型：**家常味 | **烹饪工艺：**烤

烧烤是采用炭火的热源直接将原料加热、烤熟，再撒上各种辛香调味料入味成菜。烧烤的品种繁多，荤素皆宜，最具代表性的菜品就是新疆烤羊肉串。平时猪脑多以烧菜的方式呈现，这道菜则对其作出改良创新，结合了烧烤的工艺，成菜嫩、滑、鲜、烫，风味浓郁，深受年轻朋友们的喜爱。

原料：猪脑1副，泡豇豆粒50克，泡二荆条辣椒二粗末50克，泡姜二粗末25克，红小米辣椒末30克，小葱葱花50克，折耳根碎50克，藿香叶碎10克，花椒粉2克，去皮前夹肉末100克

调味料：川盐1/4小匙，味精1/2小匙，熟油辣椒30克（见253页），色拉油2大匙

材料：30厘米×30厘米锡箔纸1张，长宽约30厘米×20厘米深盘型铁烤盘1个

·烹调制法·

1 将鲜猪脑表面的网状血膜去净。

2 净炒锅上火，入色拉油，中火烧至四成热，下泡二荆条辣椒末、泡姜末炒至红润出香后出锅备用，去皮前夹肉末入锅煵炒干水分至干香酥脆出锅沥油备用。

3 铝箔纸折成圆形垫于圆盘型铁烤盘内，放入处理干净的脑花，调入做法1，置于烤炉架上以中火烤制15分钟。

4 将川盐、味精、花椒粉、熟油辣椒、泡豇豆粒、红小米辣椒末放入碗内搅匀后，倒入烤制中的脑花上调味，再烤约5分钟，加入折耳根碎、藿香叶碎后再烤一下取出，撒上葱花成菜。

【大厨经验秘诀】

1 猪脑须趁新鲜时去除干净血膜后再冷藏保存，冷藏后的猪脑血膜不易去掉。猪脑避免冷冻保存，因解冻后的猪脑不易入味，烤制时间会更长，且成菜质地变得绵韧口感不好。

2 此道菜必须选用鲜猪脑，烤制后口感更细嫩，入味更浓厚。

3 垫锡纸的目的是防止猪脑受热后与碗底发生粘连、易烤煳而变味。

4 烤脑花时不要加水，因泡椒、泡姜内含有水分，这样成菜会更干香，加水烤制成菜不香，水分较重。

5 新鲜香料类植物调料原则上是成菜前2分钟加入，刚好断生又能取其清香味与色泽，过早加入易受热变色，影响成菜美观。

▶ **菜品变化：**烤牛脊髓，烤豆花，烤兔腰

32. 入口清香，微辣脆爽

回味天梯

| **味型：**鲜辣味　| **烹饪工艺：**煸炒

天梯即猪嘴内天堂盖板的美称，因其外形长得像石梯的剖面而得名，其质地脆爽、无骨、筋道，结合成都平原每年六七月份出产的牧马山青二荆条辣椒一起小火慢慢煸炒，让二荆条辣椒的清香与微辣味渗入天梯内，再调入新式调味料，独道的烹饪手法，入口清香、微辣而脆爽，不论口感或滋味都称得上是川菜派系的一绝，回味无穷。

原料：天梯300克，青二荆条辣椒段200克，红小米辣椒段30克，鲜青花椒20克，姜末20克，蒜末20克

调味料：川盐1/4小匙，味精1/2小匙，白糖1/2小匙，料酒1/2杯，麻辣鲜露1.5小匙，美极酱油1小匙，花椒油3小匙，香油2小匙，色拉油2大匙

·烹调制法·

1. 将天梯边角和小骨渣修理整齐，洗干净后切成二粗条状。
2. 在干净炒锅内加五分满的水，大火烧沸，放入切好的天梯汆水后出锅，沥干水分备用。
3. 将锅内水倒掉后洗净上火，下入色拉油，中火烧至五成热时下天梯、鲜青花椒、青二荆条辣椒段、红小米辣椒段、姜末、蒜末煸香。
4. 接着调入川盐、味精、白糖、料酒、麻辣鲜露、美极酱油煸炒入味，待二荆条辣椒成虎皮状时，加入花椒油、香油调味炒匀出锅成菜。

【大厨经验秘诀】

1. 天梯要选购当天现宰杀的猪天堂盖板，才能保证成菜口感脆爽，速冻后的天梯成菜口感偏软。
2. 天梯刀工处理大小应均匀、长短一致，成菜后形状才美观。
3. 天梯汆水时，必须用大火，水沸后才入锅，这样可保证天梯成菜后脆爽，否则成菜口感偏硬顶牙。
4. 煸炒天梯时应保持中小火，慢慢将青二荆条辣椒、小米椒的清香和辣味炒出，使其融入天梯内，否则天梯成菜会有腥味。时间的掌握以青二荆条辣椒刚变成虎皮状时为好，否则辣椒颜色变深会影响成菜美观。

▶ **菜品变化：**青椒煸牛筋，青椒绍子炒海参，尖椒仔鸡

33. 成形大气，豪放，色泽红亮，味厚质嫩

红运大鱼头

味型：家常味 **烹饪工艺：**煲

华人的吃不只是吃美食，更吃美意，川人更是如此！因为不论逢年过节、生意洽谈或人际交往，餐桌上的美食总要应景，兼具喜庆和吉祥！因此厨师们在创新菜品时，也将这些吉祥的祝福语融入菜名，让美食佳肴蕴含大吉大利的祝福。食客们一翻开菜谱、菜单，看见这些大吉大利的菜名心情舒畅，加上菜品上桌后菜如其名，那么就餐气氛就会格外喜悦，让宴席的享受深入心坎儿。

原料：水库人花鲢鱼头1500克，泡二荆条辣椒末100克，泡姜末50克，姜末50克，蒜末50克，泡豇豆粒50克，折耳根粒100克，小葱葱花50克，大红甜椒100克，高汤500毫升（见252页），泡野山椒50克

调味料：川盐1/2小匙，味精1/2小匙，白糖1/2小匙，山椒水1/2杯，蒸鱼豉油1/3杯，陈醋50克，香油5小匙，色拉油1/3杯

·烹调制法·

1. 将水库大花鲢鱼头去鳞、腮后处理干净，从下颌部剖开成相连的两半。大红甜椒去籽切成粒；泡野山椒剁碎。
2. 干净炒锅上火，入色拉油，大火烧至四成热，下泡二荆条辣椒末、泡姜末、泡野山椒碎、姜末、蒜末、泡豇豆粒炒得滋润且香味溢出后备用。
3. 将鱼头平铺放入砂锅内，调入高汤、蒸鱼豉油，再浇入步骤2的泡椒汁盖在鱼头上，先用大火烧沸再转小火慢慢煲15分钟至熟。
4. 将川盐、味精、白糖、山椒水、陈醋、香油放入碗中搅匀后下入锅中调味，再撒入折耳根粒、大红甜椒粒、葱花成菜。

【大厨经验秘诀】

1. 选择水质较好的大水库或人工湖内生产的鲢鱼，其肉质相对细嫩、无泥腥味，池塘、稻田、沟渠或不流动的水域出产的鱼类质量较差，腥味较重，影响成菜风味及口感。
2. 此菜选用不带鱼身肉的净鱼头，成菜鱼头完整，滋味细嫩鲜美。带鱼身肉的鱼头部分胶质被鱼肉吸收，鱼头的细嫩口感相对差一些。
3. 此菜必须选择现宰杀的鱼头，以保证成菜细嫩、鲜美，入味深而浓厚，死鱼头不容易入味。
4. 鱼头烹制时必须用小火慢炖，方能保持鱼头成形完整且味道浓厚，火大易把鱼头煮烂、煮碎，且快速成菜的鱼头不入味。

▶ **菜品变化：**红运牛蛙，砂锅红味江团，酸菜红味煲鱼划水

34.

色泽黄亮、酸香而开胃、肉质雪白而滑嫩

鲜椒乌鱼片

味型：酸辣味　**烹饪工艺：**煮

原料：乌鱼肉300克，红小米辣椒段50克，青二荆条辣椒段100克，黄灯笼辣椒酱30克，泡野山椒段50克，芹菜段30克，小葱段20克，洋葱50克，老南瓜茸50克，鸡蛋1个，淀粉30克，清鸡汤600毫升（见252页）

调味料：川盐1.5小匙，味精1/2小匙，白糖1/2小匙，胡椒粉1/2小匙，藤椒油2小匙，山椒水4小匙，白醋3小匙，化鸡油50克

·烹调制法·

❶ 乌鱼肉片成0.2厘米厚的薄片，用川盐1/2小匙抓搓后冲净血水，沥干水分备用。

❷ 取控干水分的乌鱼肉片加川盐1/2小匙、鸡蛋液使劲搅打5分钟，至乌鱼肉片表面黏稠，再入淀粉搅拌均匀备用。洋葱切成2厘米的块备用。

❸ 取干净炒锅上火，加入化鸡油，中火烧至五成热，下洋葱块、泡野山椒段、黄灯笼辣椒酱炒至滋润香味溢出。

❹ 接着放入一半的红小米辣椒段、青二荆条辣椒段，加入老南瓜蓉一同炒香后，加入清鸡汤，中火烧沸熬3分钟，捞出料渣不用，转小火备用。

❺ 将码味后的乌鱼片逐一放入锅中，待鱼片断生刚熟时，用川盐1/2小匙、味精、白糖、胡椒粉、山椒水、白醋、藤椒油调味，撒入余下的青二荆条辣椒段、红小米辣椒段、芹菜节、小葱段搅拌均匀出锅成菜。

【大厨经验秘诀】

❶ 鱼片要薄而大，厚薄均匀，切好的鱼片需要用川盐搓洗，漂冲净血水，鱼片成菜才白嫩。

❷ 冲净血水的鱼片必须用川盐蛋液搅打上劲至黏稠，鱼片成菜才滑嫩。

❸ 熬汤时用大火才能让汤具有浓郁感。下鱼片时以小火保持微沸，以免火大汤沸将鱼片冲碎而影响成菜美观。

❹ 青二荆条辣椒段、红小米辣椒段分两次入锅，第一次是增加鲜辣味，第二次是增加成菜的色泽和时蔬清香感。

❺ 熬汤后除料渣是为了成菜更加美观，使其干净整洁，也避免料渣影响鱼片的细嫩口感。

❻ 老南瓜蓉做法是将老南瓜去皮切块蒸熟后，再用果汁机搅成蓉即成。

▶ **菜品变化：**鲜椒鲈鱼，双椒江团，酸汤桂鱼

此道菜在烹调技法和烹饪味型上，结合川人的饮食习惯，以炖汤的方式成菜，而乌鱼肉、鱼骨的胶原蛋白比较重，因此很容易熬出浓而雪白的汤，酷似牛奶的浓醇，营养丰富，加上大量的红小米辣椒、青二荆条辣椒熬汁，再辅以藤椒油调出独特风味，在经典的酸辣味中调出一种新而独特的滋味，来挑逗着美食好吃嘴们的味蕾！

吃鱼重点在吃鲜，乡下养在自家池塘里的鱼现捕现烹，那风情、滋味真是回味无穷。

35\. 色泽金黄，细嫩鲜美

铁板蛋豆腐

味型： 咸鲜味　**烹饪工艺：** 蒸、煎、炒

在厨师行业中流行着这样的说法，一道出众的经典佳肴的食材越是普通，就越是考验厨师的功底和技术含量。豆腐是一种极为普通的烹饪原料。单单只是将豆腐烹制成菜品，只能叫豆腐菜，这只是在食材的基础上增加了盐味和香味而已。要想在单一的豆腐食材上做文章，就必须想方设法将绝妙滋味融入豆腐中，在看似一般的菜肴中尝出不寻常的滋味，这样才算是给豆腐菜肴增光加彩。

原料： 日本豆腐4支，鸡蛋3个，淀粉50克，去皮五花肉100克，胡萝卜150克，青豆50克，姜末15克，蒜末15克，葱花50克，高汤40毫升（见252页）

调味料： 川盐1/4小匙，味精1/2小匙，白糖1/4小匙，料酒1/2杯，胡椒粉1/2小匙，酱油2小匙，蚝油1大匙，香油2小匙，色拉油5大匙，水淀粉2大匙

·烹调制法·

1. 将日本豆腐切开捏碎放入搅拌机内，加鸡蛋、淀粉、川盐、料酒、胡椒粉搅拌约30秒至蓉泥状，取下倒入深方盘内，厚度控制在1厘米左右。
2. 将豆腐泥上蒸笼以中火蒸8分钟后取出，将定形的豆腐翻扣在操作台上，用刀划成3厘米见方的块备用。
3. 去皮五花肉、胡萝卜分别切成青豆大小的丁状。
4. 置干净炒锅于灶上，入色拉油3大匙以中火烧至四成热，下五花肉丁、姜末、蒜末炒香，放入蚝油、酱油炒至五花肉上色，加入青豆、胡萝卜炒匀，用川盐、味精、白糖、香油调味，加高汤烧沸后，用水淀粉勾芡收汁成绍子馅料。
5. 取煎锅上火，以中火将色拉油2大匙烧热，放入切好的豆腐煎至两面金黄，盛出放在烧烫的铁板上围在四周，中间放步骤4的绍子馅料，点缀葱花成菜。

【大厨经验秘诀】

1. 掌握豆腐、淀粉、鸡蛋之间的比例，豆腐必须选嫩的，搅拌时最好不单独加水，以免豆腐水份过多蒸好后不易成形。蒸豆腐时火候太大易起蜂窝孔状，影响成菜口感。
2. 蒸豆腐浆时，深方盘底部最好垫一层烤盘纸或保鲜膜，以防豆腐浆蒸熟后粘在方盘上，扣不出来。
3. 成形豆腐胚用煎锅煎成两面金黄，成菜色泽才美观，口感外韧内嫩。

▶ **菜品变化：** 砂锅豆腐皇，铁板牛肉，石板尖椒鸡

36.

入口脆爽，咸鲜微辣

干锅有机花菜

味型：鲜辣味　**烹饪工艺：**炒

在餐饮行业内，“干锅”是一种烹饪技法或味型的称呼，这类菜品的常见制作方式是将多种食材调味烹炒后盛入铁锅内，点火加热上桌。所谓的“干”是相对于火锅、汤菜而言，成菜相对更加浓厚带干香；因多使用厚实而略扁的铁锅盛菜，“干锅”也成为特定类型锅具的名称。干锅菜不只是成菜脆爽、口味浓郁、有荤有素，食用上更有趣味，客人食完锅内的原料后，可以加汤点火煮烫其他蔬菜，当作火锅食用，这样的食趣让干锅菜深受年轻人的喜爱。

原料：有机花菜350克，腊肉100克，青二荆条辣椒圈40克，红二荆条辣椒圈40克，大蒜50克

调味料：川盐1/4小匙，味精1/2小匙，东古一品鲜酱油2小匙，香油2小匙，色拉油适量，蚝油2小匙

·烹调制法·

1. 花菜去掉叶及粗茎，改刀成小块；大蒜拍破备用。
2. 将干净炒锅置于灶上，入水七分满，放入腊肉，大火烧沸转中小火煮约30分钟，将腊肉捞出锅放凉，切成0.2厘米厚的片。
3. 洗净炒锅重新上火，入色拉油五分满，中大火烧至五成热，下切好的花菜入锅炸约20秒出锅沥油。
4. 锅洗净，另加入色拉油3大匙，中火烧至四成热，下入腊肉片炒香，再加入花菜、大蒜、青二荆条辣椒圈、红二荆条辣椒圈翻炒均匀，用川盐、味精、东古 品鲜酱油、蚝油、香油调味，炒至花菜入味即可出锅成菜。

【大厨经验秘诀】

1. 花菜须去除表面的粗皮，切块不宜过大或过小。块大成菜不易入味，短时间烹制不熟，影响成菜口感脆度；块小花菜易碎，过油后花菜变软，成菜口感不够脆爽。
2. 腊肉建议选用脂肪多的五花腊肉，炒制后腊肉油脂的香味融入花菜中增香。后臀二刀腊肉因肥的少瘦肉多，炒制不易出油，瘦肉越炒口感越发干，影响成菜滋润度。
3. 花菜不宜入热油久炸，控制在10~20秒为宜。入热油炸的目的主要是让花菜成菜口感更脆爽，油温过高和炸的时间过久，花菜容易变黑、发软，影响成菜色泽口感。
4. 炒制必须急火短炒，快速成菜，否则花菜会失去脆度。

▶ **菜品变化：**干锅湘笋，干锅有机青笋干，腊味厚皮菜

37. 色泽红亮、质地细嫩而干香

石锅麻鸭

味型：家常味　**烹饪工艺：**烧

原料：麻鸭1只（约750克），本地黄心土豆200克，洋葱50克，大青甜椒30克，大红甜椒30克，生姜30克，大蒜50克，郫县豆瓣50克，泡二荆条辣椒末30克，八角5克，干红花椒1克，干辣椒段3克，高汤400毫升（见252页）

调味料：川盐1/4小匙，味精1/2小匙，糖色4小匙（见255页），酱油2小匙，料酒1/2杯，香油3小匙，色拉油100毫升

·烹调制法·

1. 将鸭子宰杀处理干净后，剁成3厘米见方的块，入沸水锅中汆水，出锅沥水备用。土豆去皮切成3厘米的滚刀块，洋葱、青甜椒、红甜椒分别切成2.5厘米的滚刀块，生姜、大蒜拍破备用。
2. 取干净炒锅上火，入色拉油中大火烧至五成热，下汆水后的鸭肉块入锅爆干水分。转中火，加入生姜、大蒜、八角、干红花椒、干辣椒段、郫县豆瓣、泡二荆条辣椒炒至色泽滋润、亮红，香气溢出。
3. 加入土豆块、糖色、酱油、料酒，一同翻炒至上色，加高汤入锅烧沸。
4. 用川盐、味精、香油调味后，倒入高压锅中火压煮8分钟，加入洋葱、青红甜椒块，搅拌均匀，断生后出锅成菜。

【大厨经验秘诀】

1. 放养的麻鸭肉质紧实，个头大小均衡，瘦多肥少。
2. 麻鸭肉汆水是去除鸭腥味的处理方法之一，鸭肉再次入锅煸炒是让鸭肉脱脂，减少水分，成菜更加干香，且可缩短烹调时间，鸭肉上色也更红亮。
3. 黄心土豆的质地较坚实，淀粉含量低，用于烧菜、炒菜之中不易碎散、掉淀粉而影响成菜美观。
4. 鸭肉成菜出锅前应将料渣、花椒、辣椒段、姜、蒜等去掉再盛盘，保持菜品外形干净利索。
5. 使用高压锅烹制烧菜，前期加汤不易过多，盖过锅内原料高度一半即可，因汤太多则成菜缺乏干香气。水少了，汤汁浓稠也影响美观和食欲。
6. 通过压力锅产生的高压使原料快速上色、入味、成菜，色泽相对更纯正红亮。

▶**菜品变化：**青笋香菇鸡，香锅焖兔，土豆烧排骨

童年记忆里，每逢暑假，总能见到村里长辈手持长竹竿，在田间的机耕道（农村田间可通行机动车辆和农业机械的道路）上赶着一群群数量上千只的鸭仔群。转眼假期过完，秋天到，田里黄灿灿的稻谷收割后，就见手持长竹竿的人在田间赶鸭，后来事厨后才知道家乡人养的就是麻鸭。麻鸭是川西平原鸭子的一个品种，每年春节后的3月孵化出小鸭子，经7~8个月的放养，于当年的中秋节前后上市，其个头不大也不算小，理净后每只净重在1000克左右，鸭肉细嫩而结实，烹煮成菜后干香而鲜美。

有小西湖之称的乐山五通桥。

38.

色泽红亮，质地滋糯，豉香味浓厚

水豆豉爆鸭掌

| **味型：**家常味 | **烹饪工艺：**烧、爆

豆豉是川菜家常菜肴中使用较为广泛的调味品之一，按颜色可分为黑豆豉、黄豆豉，根据成品的风格特点可分为干豆豉、湿豆豉、红薯豆豉和水豆豉。其中水豆豉是发酵程度最轻的，在四川的乡坝头可是家家户户都能做，风味微辣鲜美而独特，能直接下饭拌面，是游子们最思念的家乡味。做为调辅料入菜，其独特的风味经烹煮后转化为奇香，增鲜提味，常让不起眼的食材有了让人惊艳的滋味。

原料：去骨鸭掌400克，水豆豉200克，青二荆条辣椒段50克，红二荆条辣椒段50克，泡椒末50克，蒜末50克，姜末30克，大葱粒50克，泡椒红汤1000毫升（见254页）

调味料：川盐1/4小匙，味精1/2小匙，料酒1/2杯，胡椒粉1小匙，酱油2小匙，白糖1/2小匙，香油2小匙，色拉油3大匙，水淀粉1.5大匙

·烹调制法·

1 将去骨鸭掌去除趾甲处理干净后，放入泡椒红汤锅中小火慢慢焖烧约60分钟，至鸭掌皮糯肉熟，用漏勺捞出，沥干备用。

2 取干净炒锅置于灶上，倒入色拉油，中火烧至四成热时下水豆豉、姜末、蒜末、大葱粒、泡椒末炒至外观滋润色红，香气溢出，加入制熟的去骨鸭掌、青红二荆条辣椒段、红二荆条辣椒段爆香至入味。

3 用川盐、味精、料酒、胡椒粉、酱油、白糖、香油调味至鸭掌上色入味，再用水淀粉入锅收汁成菜。

【大厨经验秘诀】

1 选用去大骨鲜鸭掌的目的是让食用更方便，且烹调时间快捷；带骨鸭掌成形美观，但在短时间内不易入味。

2 鸭掌最好事先处理熟透，成菜口感才更加滋糯，否则生鸭掌直接入锅无法直接炒至熟透糯口，也不便于入味，影响成菜口感。

3 炒水豆豉不能使用大火，水豆豉若大火入锅易粘锅，产生焦煳味。

4 水豆豉炒香后与鸭掌一同炒制上色，这时可加少量泡椒红汤，让鸭掌的味道更加醇厚。

▶ **菜品变化：**水豆豉烧牛蛙，水豆豉炒鸡丁，水豆豉炒厚皮菜

39.

青椒脆绿，清香、麻香味中突显鲜辣

青椒黄喉血旺

味型：青椒味　**烹饪工艺：**煮、烧

川菜这些年特别流行复合味型，将湘、粤菜的特有味型融入嫁接到川菜中。有人说现在做菜也跟打迷踪拳一样，让食客吃不出菜肴里加的是啥调料，只觉得好吃。行业里的专家一时也无法界定这样的菜是属于哪个味型，因它突出了某个独特味道，但又可以品尝到其他味型的味，在这样的过渡期，这些新味型就暂时称之为搭配味、复合味，可说是这个时代的经典风味。

在这道菜肴里，青椒汁搭配四川洪雅县特产藤椒油的麻香味，那清一色、绿油油的二荆条辣椒、鲜绿的鲜青花椒加合在一些，麻香鲜辣，一个字：爽！

原料：猪黄喉200克，鲜猪血500克，黄豆芽100克，金针菇100克，青二荆条辣椒段150克，鲜青花椒50克，姜末15克，蒜末15克，青椒汁500毫升（见254页）

调味料：川盐1/4小匙，味精1/2小匙，香油4小匙，藤椒油4小匙

·烹调制法·

1. 将猪黄喉切成佛手花刀形，汆水备用；鲜猪血用开水小火煮熟透，出锅改刀成0.5厘米厚的片备用。
2. 将黄豆芽、金针菇倒入沸水锅中汆一水，捞出垫在烧热的石锅内。
3. 炒锅洗净，倒入青椒汁，中火烧沸后下鲜猪血片、猪黄喉烧开，用川盐、味精调味后出锅盛入石锅中。
4. 将炒锅洗净重新上火，倒入香油、藤椒油中火烧至五成热，下鲜青花椒、青二荆条辣椒段、姜末、蒜末炒香后，淋在石锅内的猪血和黄喉上成菜。

【大厨经验秘诀】

1. 黄喉入锅不宜久煮，否则成菜不脆；猪血必须煮入味，还得保持猪血的嫩、滑、鲜、烫、爽口，这是菜肴特色的关键之一。
2. 以血为主料的菜品一定要选择现场宰杀的动物（家禽）鲜血，加水拌匀后静置使其凝固，血与水的比例一般是1：3。这样血块嫩、滑、绵韧、口感细嫩，保持小火微沸慢慢煨熟血块，更能突出血块细嫩的质感，大火煮出的血块成形后有蜂窝孔状，质感绵老。
3. 炒青二荆条辣椒、鲜花椒时火力不宜大，慢慢将辣椒、花椒的清香味炒出来，但是又不能把辣椒、花椒的鲜绿炒变色，影响成菜感观。
4. 若买不到鲜猪血可用熟猪血替代。

▶ **菜品变化：**青椒三角蜂，青椒石锅脆鳝，鲜花椒豆腐皮

40.

香辣味浓厚，入口干香，回味悠长

炝锅岩鲤

| **味型：**麻辣味 | **烹饪工艺：**炸，炒

一般认为炝锅就是将干辣椒、花椒炝炒出香味后，出锅盖在制熟的食材上，对成菜而言是增香提味的辅助角色。但对此菜而言，炝锅不是配角，可说是一种味型，成菜滋味的体现全在炝锅这一功夫上。炝锅菜品成菜后，远远就能闻到浓烈的香辣味，原料被炝得热乎乎的辣椒、花椒香气所覆盖，成菜大气而豪迈，入口醇辣微麻、干香味浓，冷热均适宜，但趁热才能享受那让人回味无穷的浓郁香辣味。

川南乐山的三江汇合处，这里是长江上游流域，也是岩鲤主要分布区域。

原料：理净岩鲤500克，二荆条干辣椒150克，郫县豆瓣20克，姜末10克，蒜末20克，白芝麻50克，香菜节20克，葱花20克，花椒粉5克，泡椒红汤1锅（见254页）

调味料：川盐1/2小匙，料酒2大匙，味精1/2小匙，白糖3克，香油4小匙，花椒油4小匙，复制老油1/3杯（见253页），色拉油适量

·烹调制法·

1. 将理净岩鲤斜刀切成瓦块形，用川盐1/4小匙、料酒码味10分钟备用。二荆条干辣椒剁成粗碎片。
2. 在干净炒锅中加入色拉油至七分满，大火烧至六成热，将码好味的鱼块下入油锅，炸至金黄酥香时出锅沥油，随即趁热放入烧沸的泡椒红汤锅中略煮，用漏勺捞出装盘，盖上香菜段。
3. 洗净炒锅后倒入复制老油，中火烧至四成热，下郫县豆瓣、姜末、蒜末、白芝麻炒香且呈红色，下干二荆条辣椒碎翻炒至酥香。
4. 用川盐1/4小匙、味精、白糖、香油、花椒油调味炒匀，下花椒粉、葱花入锅炒香，趁热快速盖在有香菜节的鱼块上成菜。

【大厨经验秘诀】

1. 鱼块宜大小均匀，入油锅炸时便于控制熟度及上色的一致性。先高油温、大火快速炸干表面水分至上色金黄，后转小火浸炸至鱼肉成熟。
2. 用烧沸的红汤汁略煮，可让鱼肉更加入味并适度回软，口感才能酥中带软而不会发硬。也可去除油炸的焦味。
3. 二荆条辣椒在辣椒中是香气足、微辣而不燥的品种；制成碎末不宜太细，辣椒末太细入锅容易炒煳、发黑，影响成菜色泽和口感变化。
4. 炒干辣椒碎末时油不能过多，火力也不能太大，要小火慢炒3分钟至辣椒出香味。油温高容易产生苦味，影响味道。

▶**菜品变化：**炝锅雪花牛肉粒，香辣黄腊丁，香炝掌中宝

41. 入口干香，麻辣味中孜然香气浓郁

铁板鱿鱼须

味型：麻辣孜然味　**烹饪工艺：**炸、炒

原料：冰鲜鱿鱼须500克，鹌鹑蛋12个，洋葱丝50克，植物黄油（乳玛琳）30克，红小米辣椒段120克，姜小方丁50克，大蒜小方丁80克，葱花50克，白芝麻20克，辣椒粉20克，花椒粉3克，孜然粉10克，碎米芽菜20克

调味料：川盐1/4小匙，味精1/2小匙，白糖2克，蚝油50克，酱油30克，料酒1/2杯，胡椒粉2克，香油4小匙，复制老油3大匙（见253页），色拉油适量

·烹调制法·

❶ 去除鱿鱼须表面的黑膜、筋后放入盆中，加入川盐、料酒、蚝油、酱油、胡椒粉拌匀，码味3小时备用。鹌鹑蛋入沸水锅以中小火煮10分钟，以漏勺捞出，放凉后剥去外壳，备用。

❷ 炒锅上火，加色拉油到五成满，中大火烧至六成热，下入鹌鹑蛋，炸至鹌鹑蛋表面呈金黄色即可，出锅沥油备用。

❸ 将步骤2的油锅加到七成满，大火烧至六成热，将鱿鱼须下入油锅中，翻炸至鱿鱼须表面黄亮、干香，出锅沥油备用。

❹ 洗净炒锅，倒入复制老油，中火烧至四成热，下姜丁、蒜丁、红小米辣椒段炒香，加入白芝麻、辣椒粉、碎米芽菜炒香出色后，再放入炸好的鱿鱼须、鹌鹑蛋炒匀。

❺ 用香油、味精、花椒粉、孜然粉、葱花入锅调味，拌炒均匀后出锅，盛入烧热且盛有植物黄油和洋葱丝的铁板上成菜。

【大厨经验秘诀】

❶ 鱿鱼须必须提前码味、上色，否则鱿鱼须不入味，成菜有腥味，且不够金黄亮色。

❷ 炸鹌鹑蛋和鱿鱼须的油温要在160℃以上，油温低原料炸不金黄，成菜不香，先大火高油温炸上色，再转小火浸炸熟透后沥油。

❸ 炒鱿鱼时火宜小。火大则油温高，容易将辣椒粉、花椒粉、孜然粉炒煳变味，影响成菜的口感和外观色泽。

❹ 铁板烧的温度在80℃左右，太烫会使菜品烧焦而走味，太低菜品香气激不出来。

❺ 植物黄油（乳玛琳）也可依喜好改用黄油（奶油）。

▶ **菜品变化：**铁板牛肉，铁板带鱼，铁板鸡杂

在早期交通不便的年代，川菜中的海味食材都只能用干货，鱿鱼因其味道鲜明而重，对早期多数川人而言就是一辈子没见过的大海的味道，也因此鱿鱼在内地成为相对高档的食材。现今储存技术与交通发达，要吃鲜鱿鱼已不再难如登天，如何变出更多吃法就是川厨们的挑战，铁板鱿鱼须的热、烫、香就是经典展现。

利用形状多样而厚实像盘子的铁板，提前上火烧热，垫于木板底座上，把烹制成熟的菜品倒在烧烫的铁板上，瞬间滋滋地发出响声，激出独特的鱿鱼香气，铁板还能为菜品加热、保温，体现一热抵三鲜的食趣。

川南宜宾的热闹夜市。

42. 韭香炒千层肚

入口脆爽、色香味美

味型：泡椒酸辣味 **烹饪工艺：**炒

韭黄的色泽黄亮，质地脆嫩，香味独特，但经不起长时间烹煮，因而成菜大多以小煎小炒的方式呈现。虽然菜式多属家常，但因为韭黄的操作性强，烹调简单、快捷，物美价廉，所以川菜的经典食材可少不了韭黄。韭黄虽然烹调方法简单，但要炒得嫩脆而香却是相当考验厨师火候，搭上一样要求脆口的千层肚，如何做出那多层次的脆爽，可是美味关键。

原料：涨发好的千层肚200克，韭黄200克，泡姜50克，泡小米辣椒75克，青甜椒25克，水淀粉35克

调味料：川盐1/4小匙，味精1/2小匙，料酒1/2杯，陈醋1/2杯，香油2小匙，色拉油3大匙

·烹调制法·

1. 将涨发好的千层肚切成0.2厘米粗的梳子形丝状，入高压锅内水加至六分满，加入料酒，大火压12分钟后，用漏勺捞出沥水备用。
2. 韭黄处理干净后切成寸段，泡姜切成细丝，泡小米辣椒、青甜椒分别切成二粗丝备用。
3. 在干净炒锅内加入色拉油，大火烧至五成热，入泡姜丝、泡小米辣椒丝爆香，再入千层肚丝、青甜椒丝炒匀。
4. 将韭黄段放入锅中翻炒，用川盐、味精、陈醋、香油调味，再用水淀粉入锅收汁，炒匀成菜。

【大厨经验秘诀】

1. 用高压锅压煮千层肚时，锅内水要多，可以加少量的香料、姜蒜去除腥味。为保持成菜脆爽，千层肚上火压煮时间不宜过久。
2. 炒制过程中尽量使用大火爆炒，快速成菜，否则千层肚、韭黄成菜后口感不脆。
3. 最后使用水淀粉，是让菜品成菜后亮汁、亮油更显滋润。

▶ **菜品变化：**韭黄肉丝，韭黄鸡杂，砂锅韭黄

43.

色泽红亮，入口脆爽，鲜椒味浓厚

小米椒爆鸡肫

| **味型：**鲜椒味 | **烹饪工艺：**炒

小米椒又名小米辣，因个头较小、辣味猛烈、鲜辣爽口而深受新一代好吃嘴的热爱。特别是夏日的川西平原，地势低洼潮湿，空气湿度较大，长居此地容易受湿气侵袭，出现全身疲软无力、食欲不振等现象。若此时能吃上一顿小米辣椒烹制的菜肴，立马浑身出汗头顶冒烟，一番唇齿间跳舞的美味体验过后，一定会感觉轻松有力、精神为之振奋。这可是川人爱上辣椒的重要原因之一！

原料：鸡肫300克，红小米辣椒100克，泡野山椒50克，姜末25克，蒜末25克，葱花20克，青笋100克，红曲米30克，水淀粉30克，剁细郫县豆瓣15克

调味料：川盐1/2小匙，味精1/2小匙，白糖1/2小匙，胡椒粉1小匙，料酒1/2杯，陈醋1小匙，香油4小匙，色拉油3大匙

·烹调制法·

❶ 将鸡肫处理干净后，用川盐1/4小匙、胡椒粉、料酒、红曲米码味2小时；泡野山椒、红小米辣椒去蒂切成1厘米长的小段；青笋去皮后切成二粗丝备用。

❷ 在干净的炒锅中加入五分满的水，大火烧沸，下青笋丝汆水至断生，出锅沥干水份垫于盘底，将码味后的鸡肫入沸水锅汆透，出锅沥水备用。

❸ 洗净炒锅，加入色拉油，大火烧至四成热，下剁细郫县豆瓣、姜末、蒜末、泡野山椒段、红小米辣椒段炒香至色红亮，加入鸡肫翻炒均匀。

❹ 用川盐1/4小匙、味精、白糖、陈醋、香油调味，再入水淀粉收汁炒匀，出锅盖在青笋丝上成菜。

【大厨经验秘诀】

❶ 鸡肫要新鲜，冰冻过久、时间太长的鸡肫腥味比较大，成菜口感不够脆爽。

❷ 鸡肫码味的目的是去除腥味。码好味的鸡肫可汆水，也可以过油。汆水后的鸡肫表面上看要鲜嫩一些，过油后的鸡肫则更会脆爽。

❸ 红小米辣椒段入锅不宜炒得过久而粑烂，必须保持红小米辣椒如鲜红花般的色泽以及小米椒完整的形态，才不会影响成菜的外观美感。

❹ 最后使用水淀粉收汁，是让味道附在鸡肫上，成菜亮汁、亮油，更加滋润。

▶ **菜品变化：**小米椒炒鸭肫，尖椒仔鸡，小米椒爆乳鸽

44.

入口滋糯、酸香开胃、香味浓郁

芝麻鱼泡

味型：香辣味　**烹饪工艺：**烧、炝

原料：花鲢鱼泡300克，泡酸菜75克，泡椒末50克，泡姜末35克，姜末25克，蒜末25克，姜片3片，蒜片3片，细香葱段10克，芹菜段10克，白芝麻100克，干辣椒段15克，干红花椒3克，木耳30克，青笋50克，高汤500毫升（见252页）

调味料：川盐1/4小匙，味精1/2小匙，料酒1/2杯，胡椒粉1/2小匙，白糖1/2小匙，陈醋2小匙，香油3小匙，花椒油3小匙，色拉油6大匙

·烹调制法·

❶ 将鲜鱼泡去除表面血膜，用刀剪将鱼泡剪开排出气体后入盆，拌入姜片、蒜片、胡椒粉、料酒码味10分钟备用。

❷ 泡酸菜切成0.3厘米厚的片，用水淘冲掉多余的盐分，挤干水分备用，木耳用水发涨发透，青笋去皮切成0.2厘米厚的长方片。

❸ 取一干净炒锅上火，放入色拉油3大匙，大火烧至五成热，下泡酸菜片炒香后放入泡姜末、泡椒末、姜末、蒜末炒出香味至油红润，加入高汤烧沸，转小火熬15分钟。

❹ 煮一锅沸水，将青笋片、木耳入沸水锅中汆水后，出锅垫于盆内。

❺ 另取一干净炒锅，入水烧沸，放入码味后的鱼泡汆烫至熟透捞出，放入步骤3的锅中，小火烧15分钟。

❻ 用川盐、味精、白糖、陈醋调味搅匀，加入细香葱段、芹菜段调味出锅，盛入有青笋、木耳的盆内。

❼ 将锅洗净上火，加入色拉油3大匙、香油、花椒油，以中火烧至五成热，依序下白芝麻、干红花椒、干辣椒段入锅炒香后，出锅炝在鱼泡上成菜。

【大厨经验秘诀】

❶ 鱼泡应选新鲜刚宰的鱼，鱼泡稍放几天腥味就比较重。鱼泡表面的血膜须除干净，否则鱼泡成菜后发黑，成菜色泽不佳。

❷ 青笋、木耳脱水会使汤汁变味，影响成菜特点，所以须单独汆水。

❸ 炝油时的芝麻必须炒香、炒黄后再放干辣椒、干花椒入锅，待炒出煳辣味后，就要迅速出锅淋在鱼泡上，香味才浓郁。

▶ **菜品变化：**芝麻牛蛙，芝麻羊肉，芝麻肥牛

鱼泡即各种鱼的气囊，鱼能在水中自由地升降主要靠气囊的扩张和收缩。鱼泡本身没什么味道，适当烹制后口感滋糯。这道菜品，特别采用农家传统工艺发酵、乳酸香醇厚的泡酸菜、泡椒作为重点调味辅料，帮鱼泡增味除异，再浇上色黄亮酥香的白芝麻，结合煳辣香的花椒、辣椒，成菜是煳辣香浓厚，酸辣开胃。

泡在茶铺子里的老成都人。

45.

酸辣开胃，肥肠细嫩爽口

酸菜烧肥肠

| **味型：** 酸辣味 | **烹饪工艺：** 烧

原料：洗净的鲜肥肠500克，鲜猪血300克，泡酸菜片20克，泡野山椒段50克，子弹头泡椒50克，泡姜片20克，大蒜片20克，小葱葱花15克，粑豌豆100克（见254页）

调味料：川盐1/4小匙，味精1/2小匙，料酒1/2杯，泡野山椒水4小匙，化鸡油3大匙

川北的绵阳市，下辖的江油有一著名小吃烧肥肠，红烧成菜，滋糯鲜香、回味微辣，是当地一绝！

·烹调制法·

❶ 洗净的鲜肥肠入沸水锅中汆一水，捞出沥干水分，切成小滚刀块备用；鲜猪血入沸水锅中，中小火加热至猪血凝固成血块，熟透后切成0.5厘米厚的片备用。泡酸菜片、泡姜片用水冲，去除部分盐分，挤干多余水分备用。

❷ 在干净炒锅中加入1000毫升清水，将肥肠放入锅中，以大火烧沸，转小火烧40分钟至熟糯，捞出备用。

❸ 将锅洗净，加入化鸡油，大火烧至五成热，下泡酸菜片、泡野山椒段、泡姜片、大蒜片、粑豌豆炒出香味，放入肥肠及汤烧沸后，加入猪血一同烧20分钟。

❹ 用川盐、味精、料酒、泡野山椒水、子弹头泡椒、葱花调味搅匀，出锅成菜。

在四川，肥肠做成的菜肴烹调技法品种繁多，味型多样，那口感是滋糯有嚼头，滋味是越嚼越香。要做好肥肠菜品，关键在于肥肠的清洗与杂味的去除，只要这动作做得好，基本上就成功一半了。这里以酸菜来烧肥肠，肥肠爽口、酸香开胃是特色。川菜中有特色的肥肠菜还有卤肥肠、火爆肥肠、干煸肥肠、肥肠粉、青笋烧肥肠等，色香味俱全，令人眼花缭乱，甚至让人产生选择障碍。

【大厨经验秘诀】

❶ 肥肠必须将表面的黏液、油渣去除干净，否则成菜后肥肠腥味很大。

❷ 肥肠汆水是为了进一步去除腥味。且提前烧炖至熟糯，再根据成菜特点，连肥肠带汤汁一块入菜，则汤鲜味美，且出菜时间更快。

❸ 泡酸菜、泡野山椒必须入锅炒出香味，再加汤熬出酸菜的酸香味，这样才能体现成菜酸香开胃特点。

❹ 也可购买已制熟的猪血取代鲜猪血。若能使用新鲜的猪血自己稀释加热制熟，更能体现成菜中猪血的细嫩、鲜美。

❺ 若买到的是未洗净的肥肠，则清洗肥肠方法如下：买回的鲜肥肠不过水，先下入面粉搓洗（500克肥肠约用200克面粉），让肥肠里里外外的黏液充分裹入面粉中，再用清水冲洗干净，这样清洗肥肠比较快且干净。接着用盐、白醋搓洗肥肠的里里外外，然后用清水淘洗干净，反复2次，肥肠腥味会少一些。

▶**菜品变化：**粉蒸肥肠，仔姜肥肠，豆汤肥肠

46.

入口嫩滑，酸辣香鲜，风味浓厚

水晶滑牛

味型：酸辣味　**烹饪工艺：**蒸、烧

传统版的滑肉，是以猪肉条裹上红薯淀粉，在物资缺乏的年代里是用来欺骗肠胃的“大肉块”，今日吃来滑爽有劲、肉味十足，依然令人向往。

原料：牛里脊肉200克，红薯淀粉（地瓜粉）300克，泡酸菜100克，黄灯笼辣椒酱30克，泡野山椒20克，姜、蒜末各15克，青、红二荆条辣椒圈各15克，葱花20克，青笋100克，金针菇50克，清鸡汤400毫升（见252页）

调味料：川盐1/2小匙，味精1/2小匙，泡野山椒水20克，料酒1/2杯，香油2小匙，化鸡油3大匙

·烹调制法·

1 将牛里脊肉去除筋，切成0.3厘米厚的大片，用流动的水冲净血水，捞出挤干水分，用川盐1/4小匙、料酒码味备用；取一大碗，放入红薯淀粉100克加水50毫升搅匀成红薯淀粉糊备用。

2 青笋去皮切成二粗丝；金针菇去掉根部，淘洗干净；泡酸菜切成小薄片，用水淘洗掉多余的盐分，挤干水备用。

3 在砧板上铺一层红薯淀粉，逐一将牛肉片平铺其上，再于肉片上撒一层干红薯淀粉，用擀面棍在肉片上来回碾压，至牛肉片面积扩张、变大，且上面均匀裹着一层红薯淀粉，再放入红薯淀粉糊中浸透湿润即完成水晶滑牛生胚，将逐一完成的生胚散置于蒸格或蒸架上入笼大火蒸8分钟，备用。

4 青笋丝、金针菇入沸水锅中煮熟，出锅沥干水分垫于碗底。

5 洗净炒锅上火，加入化鸡油大火烧至四成热，下泡酸菜片、黄灯笼辣椒酱、泡野山椒、姜末、蒜末炒香后，加入清鸡汤烧沸，放入蒸熟的牛肉，用川盐1/4小匙、味精、泡野山椒水、香油、青二荆条辣椒圈、红二荆条辣椒圈、葱花调味后，搅匀出锅，盛入有青笋丝、金针菇的碗中成菜。

水晶，顾名思义是指成菜晶莹剔透，在这道菜中更要求滑嫩爽口。此菜品是红薯淀粉与牛肉的完美融合。牛肉经敲打肌肉纤维组织变得松散，再拍上一层地道的农家红薯淀粉糊，通过蒸制熟透成形，再结合调配好的酸汤入菜。色泽光亮晶透的红薯淀粉紧紧地将牛肉裹于其中，悠游在美味的酸汤里，酸香扑鼻，令人食欲大开。

【大厨经验秘诀】

1 牛里脊刀工处理须厚薄均匀，红薯淀粉应敲打均匀。红薯淀粉拍太薄成菜不光亮，拍太厚则成菜吃不出牛肉味道。

2 牛里脊肉筋必须去除干净，否则影响成菜的口感细嫩度。牛肉拍上干红薯淀粉后再用红薯淀粉糊浸透，目的是让牛肉蒸熟后黑亮发光，否则不易把干淀粉蒸透。

3 步骤5中，泡酸菜片、黄灯笼酱、泡野山椒等炒香、加汤烧沸后最好用小火熬约20分钟，捞去料渣再下蒸熟的水晶牛肉烹调成菜，这样成菜滋味更酸香浓醇。

▶ **菜品变化：**酸汤肥牛，椒汁腰花，山椒乌鱼片

汤色红亮，肉质润泽而富有弹性，芋儿烂而有形

47. 芋儿鸡

| **味型：**麻辣味 | **烹饪工艺：**烧

原料：理净土公鸡约1.2千克，芋儿（小芋头）1千克，青辣椒100克，红辣椒100克，香菜节50克，小葱段50克，干辣椒段15克，干红花椒2克，芋儿鸡底料500克（见254页），生姜块50克，大蒜80克，水1000毫升

调味料：川盐1小匙，味精1/2小匙，糖色3大匙，料酒3大匙，老抽4小匙，陈醋4小匙，香油3大匙，复制老油500毫升（见253页）

·烹调制法·

1. 将理净的土公鸡宰成3.5厘米见方的块，用水淘洗，去除血水、控干水分备用。
2. 新鲜芋儿削除表面粗皮后，加川盐1/2小匙，反复颠簸、搓揉5分钟后用水清洗干净备用。
3. 青辣椒、红辣椒去蒂去籽后切成小滚刀块备用。
4. 取一干净炒锅上火，倒入复制老油，大火烧至五成热，将鸡块入锅煸炒干水分，再下生姜块、大蒜、芋儿鸡底料、干辣椒、干红花椒入锅翻炒，炒至色泽红亮、香气四溢时，糖色、料酒、老抽入锅，翻炒至鸡肉上色，加入开水烧沸后，用川盐1/2小匙、味精、陈醋、香油调味。
5. 将调味后的鸡肉连汤带汁倒入高压锅中，加入芋儿，加盖中火压20分钟出锅，调入青红辣椒块、香菜节、小葱段拌匀成菜。

【大厨经验秘诀】

1. 这道菜选用农家放养的跑山土公鸡，肉香味足，嫩中有劲的口感和芋儿相呼应。鸡龄周期要选8~12个月的，活鸡每只重量在1500~2000克，理净的大约是1000~1500克最佳，确保鸡肉的质量，同时可以缩短烹调时间。
2. 芋儿选用新鲜、带泥土的毛芋儿，制作当天才削去粗皮，这样芋儿雪白细嫩，成菜不易发黑。
3. 这道菜最关键的核心味道是芋儿烧鸡的底料，底料风味好坏的关键一是选料，二是炒制底料时掌握好程序和火候。为求方便也可选购市场上销售的底料包。
4. 掌握好鸡肉、芋儿入锅压制的时间。压的时间长则鸡肉、芋儿太烂不成形，影响口感，压制的时间不够则鸡肉不爬、芋儿不烂，吃时费劲费事，影响成菜口感。

▶ **菜品变化：**土豆烧鸡，芋儿烧排骨，红薯鸡

20世纪90年代末，成都周边的乡镇，如华阳滨河美食街上，每逢周末节假日，城里的人们都不约而同的慕名前来，品尝那垂涎已久的芋儿烧鸡。这来自农家的特色烧菜粗犷而霸气，处处展现出农家的热情与大方，不锈钢盆里汤色红亮、鸡肉红润、芋儿白嫩，入口后家常味浓厚而悠长，香味在唇齿间徘徊，让人刚离开就想着下一次在何时。

传说中的华阳左岸花都美食街当年盛况。

48.

椒香浓郁、质地细嫩、回味厚重

青椒口味蛇

味型：鲜麻椒香味　**烹饪工艺：**烧、炒、焖

原料：菜花蛇（王锦蛇）肉段250克，青二荆条辣椒600克，生姜50克，大蒜100克，鲜青花椒50克，香油120毫升，藤椒油120毫升，豉油20毫升，美极30毫升，高汤400毫升（见252页）

调味料：郫县豆瓣25克，泡椒末50克，泡姜末25克，姜末30克，蒜末50克，红小米辣椒100克，香菜100克，芹菜段100克，洋葱块100克，色拉油700毫升，水2000毫升

·烹调制法·

1. 将蛇肉段入沸水锅中大火汆透出锅；青二荆条辣椒切成长滚刀块；生姜、大蒜拍破切粗丁备用。
2. 炒锅洗净上火，加入色拉油500毫升用中大火烧至六成热，转中火下洋葱块、芹菜段、香菜入锅炸后，放姜末、蒜末、泡姜末、郫县豆瓣、泡椒末、红小米辣椒入锅炒香且油亮上色，放汆好的蛇肉入锅煸炒2分钟，加水烧沸转小火，慢烧90分钟至蛇肉熟透入味，出锅沥水、沥料渣备用。
3. 再次将炒锅洗净上火，下入色拉油200毫升用中火烧至五成热，下鲜花椒、生姜丁、大蒜丁、青二荆条辣椒块400克入锅炒香，放入烧好的蛇肉段，下豉油、美极，用中小火煸炒1分钟，加高汤入锅，烧沸。
4. 加盖焖约3分钟至青二荆条辣椒香味完全渗入蛇肉内，再放入香油、藤椒油和剩下的青二荆条辣椒块200克入锅炒熟出香，即可出锅成菜。

【大厨经验秘诀】

1. 蛇肉必须带皮烧，这样成菜入味浓厚、滋糯。蛇肉段宜切得稍长一点，否则烧熟后缩短影响成菜装盘美观。
2. 蛇肉单独先烧制处理，一是更加入味；二是烹调更快捷，对餐馆酒楼而言可加快出菜速度；三是保持青二荆条辣椒的清香和色泽，且口感更脆爽。
3. 青二荆条辣椒必须分两次入锅，第一次下青二荆条辣椒是让蛇肉吸收清香味，第二次下锅的青二荆条辣椒煸炒时间相对短，最大程度保持成菜色泽的爽绿。
4. 第一次下青二荆条辣椒后用小火慢慢焖烧，可以令滋味更浓厚；第二次下二荆条辣椒时汤汁基本已收干亮油，不只为菜肴增添鲜椒香，同时令这部分青二荆条辣椒色泽更加好看。
5. 用砂煲、石锅烧热作盛器，上桌香味会更浓厚。

▶**菜品变化：**青椒焖土鸡，青椒焖鹅，青椒千层肚

成都最时尚的春熙路商圈，来这里就能知道成都美女是怎样练成的。

在川菜市场中有一外表低调却芳香诱人的滋味组合，撷取青二荆条辣椒的清香与鲜青花椒特有的麻香，非常开胃并增进食欲，因此在餐饮市场中流传着一个响亮的名号：绝代双椒（骄）！

此风味在餐饮市场上的流行不是没有原因的，这类菜品从外表看碧绿舒爽，上桌时芳香诱人，从不会给人大麻爆辣的恐惧感，夹一块入口却是麻辣、味厚、香气扑鼻，让人吃情旺盛，加上年轻人喜欢独具特色、具有挑战性或视觉味觉冲突的饮食趣味，使得绝代双椒（骄）风味狂扫美食圈。此菜品选用传统上有食疗功效，对许多人而言口感细嫩却有点心理挑战的蛇肉做主食材，充分体现鲜麻椒滋味的独特饮食趣味。

49. 入口滑烫、香鲜、家常味浓厚

家常豆腐皮

| **味型：**家烧味 | **烹饪工艺：**烧

悠游在川西坝子成都平原的小镇乡村里，常能发现以豆腐皮为招牌菜的餐馆，特色菜就是家常味烧豆腐皮，微辣开胃、香鲜滑烫，还带着浓浓的情感滋味。这经典的家常味，其豆腐皮分干油豆腐皮和鲜豆腐皮两种，烧豆腐皮多选用涨发透的干油豆腐皮，相对耐煮些，香气也较浓，加上更精细的工艺，成菜色泽红亮，入口滑烫鲜香，家常风味浓，可是最佳的下饭菜品。

早上到农贸市场够早的话，常能见到由温热豆腐所营造的情景，袅袅烟雾中飘着浓浓的豆香，幸福感满满。

原料：干油豆腐皮100克，猪前夹肉末75克，姜末25克，蒜末25克，剁细郫县豆瓣30克，豆豉15克，泡椒末40克，干辣椒粉10克，花椒粉1克，芹菜末15克，小葱葱花15克，水淀粉50克

调味料：川盐1/4小匙，味精1/2小匙，白糖1/2小匙，料酒1/2杯，陈醋3小匙，香油4小匙，色拉油3大匙，高汤500毫升（见252页）

·烹调制法·

1. 将干油豆腐皮用温水浸透泡发20分钟后，捞出沥干水份，切成细丝备用。
2. 在干净的炒锅中加入六分满的水，大火烧沸，入豆腐皮丝汆水出锅备用。
3. 炒锅洗净擦干，倒入色拉油大火烧至四成热，入猪前夹肉末煵干水气，下姜末、蒜末、剁细郫县豆瓣、豆豉、泡椒末、干辣椒粉炒香至油红亮滋润，接着加高汤大火烧沸转小火。
4. 加豆腐皮丝入锅，用川盐、味精、白糖、料酒、陈醋、香油调味烧约2分钟，再用水淀粉入锅收汁搅拌，下花椒粉、芹菜末、葱花拌匀出锅成菜。

【大厨经验秘诀】

1. 干油豆腐皮入水中浸泡涨发的时间不宜过久，以免成菜不易成形而影响美观。水温不宜过高，高水温泡涨发后的豆腐皮不适合保存，以手能放入，约42~50℃温热水为宜。
2. 用猪肉末的主要目的是增香、提鲜。
3. 放入辣椒粉之后火不宜大，炒的时间不宜太长，否则成菜色泽发黑，滋味发苦；若辣椒粉入锅炒的时间过短则香味不足。
4. 烧制过程中，汤汁不能加得太多，否则容易将豆腐皮烧碎，时间也不能太久，影响形状和成菜效果。
5. 最后勾芡是让成菜更加滋润、滑烫、爽口。

▶ **菜品变化：**石锅豆腐，肉末烧粉条，红烧嫩豆花

50.

脆嫩爽口，回味厚重

筒笋烧牛腩

味型：家常味　**烹饪工艺：**烧

原料：牛腩200克，水发牛尾笋300克，青二荆条辣椒段40克，红二荆条辣椒段40克，香菜节20克，剁细郫县豆瓣30克，姜末25克，蒜末25克，大葱30克，辣椒粉15克，干红花椒2克，干辣椒段10克，八角3克，草果3克，小茴10克，香叶（肉桂叶）10克，桂皮3克

调味料：川盐1/4小匙，味精1/2小匙，白糖1/2小匙，料酒1/2杯，老抽2小匙，胡椒粉1/2小匙，香油4小匙，色拉油1/2杯，清鸡汤1000毫升（见252页）

·烹调制法·

1. 将牛腩处理干净后切成2厘米见方的丁，水发牛尾笋切成1.5厘米长的段，大葱拍破备用。
2. 净炒锅内加水至七分满，大火烧沸，入牛肉丁汆烫至熟透出锅备用。牛尾笋入沸水锅中汆水后备用。
3. 将炒锅洗净擦干上火，倒入色拉油，大火烧至五成热，下八角、草果、小茴、香叶、桂皮、大葱、干红花椒、干辣椒段入锅爆香，接着放剁细郫县豆瓣、姜末、蒜末炒至油亮滋润时，加入辣椒粉用中火炒香，呈饱满红色时，加入清鸡汤烧沸转小火熬20分钟，沥去料渣留汤汁备用。
4. 将步骤3的汤汁倒入高压锅内，放入牛肉丁后用川盐、味精、白糖、料酒、老抽、胡椒粉、香油调味，加盖用中火压煮15分钟离火，放汽后开盖，加入牛尾笋再上灶以中火压煮15分钟。
5. 捞出步骤4的熟牛肉盛入深盘中，下青红二荆条辣椒段搅匀略煮后，与牛尾笋一同出锅装到盛牛肉的深盘，点缀香菜成菜。

【大厨经验秘诀】

1. 牛腩选筋与瘦肉均匀相连、厚薄相当的，红烧牛肉成菜才有一致的滋糯口感。
2. 牛尾笋的根部一般较老，改刀时就应用刀切掉，才能达到入口脆爽、化渣的效果。
3. 为了成菜细嫩入味，炒红汤家常味汤料时料要下重一些。去除料渣成菜是为了成菜美观和方便食用。
4. 若没有压力锅，也可以用小火慢慢烧1小时，至牛肉软糯入味、粑而有型时，再倒入竹笋慢烧成菜。

▶**菜品变化：**黑竹笋烧鸡，脆笋老鸭煲，酸菜苦笋汤

竹笋的品种及衍伸的食材繁多，一般来说鲜竹笋的质地最佳，大多以清炒、炖汤、凉拌的方式成菜；而盐渍、干货制品类竹笋大多用于烧菜。此道菜品选用的是传统工艺的烟熏牛尾笋，成菜后带有类似老腊肉的烟熏味。烹煮前以温热水反复涨发，再与另外烹制的红烧牛腩同烧，成菜后牛肉软嫩滋润，笋子脆爽，家常风味浓厚。

自贡市自流井区老街。

第五篇

新派菜主要体现在烹调工艺的融合、器皿的组合、味型的搭配方面能与时俱进，或突破传统烹调的一些观念。成菜外观色泽红绿相间而鲜明，借鉴部分西餐或异国调料、工艺或摆盘手法，将其融合到川菜中，菜肴色香味被年轻人的复合审美观所接受及喜爱。成菜有麻有辣、有酸有甜、甜中带辣等香气滋味交错互补，给人一种新鲜、时尚、新颖、稀奇的趣味用餐感受，在味型或工艺上常见混搭手法的运用。

新派菜
[重趣味]

有时四川餐馆酒楼的创新就像摆龙门阵一样，让人着迷。

新派菜特点

脱离吃饱，用趣味创新

在饮食领域，人们随着外在条件的不同而对饮食有着不同的要求，从最基本的需求有得吃，再追求吃饱，吃好，吃好之后又要吃巧！这巧字含意相当广，包含文化感受与心理感受两个方面，文化感受的重点多半放在人、菜肴、环境之间的意境营造上。心理感受则无框架，可以是好玩、有趣，也可以是时尚、新颖、古怪、矛盾等。

在经过吃好的阶段后，川菜创新也开始进入吃巧的阶段，面对大众市场，主要的创新重点还是放在无框架的心理感受上。从早期单纯在摆盘造型上的创新，之后的工艺改良创新，到大胆借鉴的口味创新，每一阶段带给食客的，不论是味蕾上或是心理上，都是满满的惊喜。

新派川菜在上述的原则下，短短20年就将川菜从内地的老粗土形象改为新细雅的形象，在大江南北掀起一阵川菜风暴，至今还没有停歇的迹象。川菜的创新力之所以这么强，关键就

在于四川原本就兴盛的休闲饮食文化，加上文人骚客也喜欢玩美食，将文化创新的观念带入四川餐饮业，另一点就是川厨相较于其他菜系的厨师更勤于考察，考察后也更勇于尝试。

像近10年极为流行的来自湖南的剁椒鱼头，经湘菜川做的借鉴创新后，虽然不同酒楼菜名有所不同，但一下子从成都风行全国，可见火爆程度。可以想象一下，一道菜可以畅销到使整个市场的鲜鱼头价格上扬，从这个例子可明白创新的价值。

混搭也可以说是换个角度看世界，就像走在成都的高楼大厦间，一抬头突现发现原来还有没注意到的趣味。

新派创新靠混搭

混搭这词来自服装时尚界，简单来说就是将意想不到的元素混加在一起。新派川菜的创新就是大量运用这一概念，从选料就开始混搭，大量使用四川省以外的地方特色调味料食材，或大胆使用西方或东南亚的特色调味料或食材，如西式酱汁、海味食材。味型的选择上更是突破传统框架，为传统味型带来新滋味，如用了西式酱汁的咸鲜味变成甜咸味。对川菜或所有中菜来说，还有一项创新就是摆盘，将中菜改成西式摆盘，在口味不变的条件下，也可为食客带来新的品尝乐趣。这里不谈中西式摆盘的优劣，因为那又是一个很大的议题，牵涉到饮食文化、烹饪工艺等综合性的问题。

用异国调味料或食材混搭创新，可以立刻让消费者感到新奇有趣，但毕竟是来自异国饮食文化的食材，对大众市场来说只有短期的话题性。此外，玩创新菜千万不要陷入为变而变的陷井中，这样的菜品只会让食客鄙视。诚如在经典菜中所说的，创新菜经过时间的考验也能成为经典菜！因此如何在既有的川菜基础上作混搭创新，才是一个可长久的创新之路。本篇有许多菜品都是以既有的川菜味型或菜式套用在新食材上，如椒麻味与海鲜结合。或是将以往没有见过的食材组合混搭在一起，形成新奇口感或趣味，如即食麦片拿来炒山药。

新派菜要说有什么标准，似乎没有，也可说有，那就是创新的口味、形式及所附加的品食趣味能获得食客的喜爱与追捧。否则构思再好的创新菜没有人喜欢，也只能算是一个烹饪作品，而非菜品。

51. 色泽棕红，入口滋糯、香鲜

莲白炒水晶粉

味型：鲜椒味　**烹饪工艺：**炒

原料：水晶粉丝200克，莲花白（圆白菜）100克，去皮前夹猪肉末50克，红小米辣椒段50克，剁细郫县豆瓣20克，葱花10克，姜末10克，蒜末10克

调味料：川盐1/4小匙，味精1/2小匙，老抽4小匙，白糖1/2小匙，香油2小匙，色拉油1/3杯

·烹调制法·

1. 将干水晶粉丝用温水浸泡约3小时至软，捞出沥水；莲花白去梗切成二粗丝备用。
2. 在干净炒锅内倒入色拉油，上中火烧至四成热，下猪肉末煵炒干水气后，加入郫县豆瓣、姜末、蒜末，炒至颜色红润，再放入粉丝、老抽，不停翻炒至粉丝上色。
3. 再将莲花白丝、红小米辣椒段入锅，调入川盐、味精、白糖、香油炒匀入味，撒葱花成菜。

【大厨经验秘诀】

1. 水晶粉丝要观察色泽亮度，以柔和且无杂质为宜。
2. 水晶粉丝最好用温水浸泡涨发，热水浸泡后不能存放过久，冷水浸泡耗时太长且不易发透，且在烹制过程中容易吸汤汁，不利于滋味的稳定性又影响成菜的口感。
3. 炒粉丝时需注意粉丝在锅中的上色情况，酱油用得太少则水晶粉丝成菜的光洁度发暗，酱油用量过多则成菜发黑，理想的颜色以棕红色为宜。
4. 炒水晶粉丝时用油宜稍重，以免炒制过程中粘锅；为了成菜口感滋糯，可以边炒边加入适量高汤，让成菜的水晶粉软而不烂，口感更佳。

▶ **菜品变化：**蚂蚁上树，干锅粉丝，鳝鱼粉丝

位于春熙路商圈商业场里头的仿古特色美食街，走在里头就像刘姥姥逛大观园一样。

川人最擅长的就是把不起眼的食材通过烹饪、调味，像魔术一样变成让人垂涎三尺的美味菜品，这道莲白炒水晶粉可说是一个典型，水晶粉丝价格平易近人，但入口滋糯筋道，久煮不浑汤、不粘连，结合川人好辛香的口味偏好，以郫县豆瓣提出香、鲜味，再将小米辣椒的鲜辣味、鲜红色融入其中，将传统家常菜加入当前流行的鲜辣味，香辣糯口，出乎意料的得到市场的喜爱。

52. 入口脆爽，咸鲜微辣

折耳根炒腊肉

味型：咸鲜微辣味　**烹饪工艺：**炒

在四川，折耳根食用较为普遍，大多以凉拌、炖汤的方式成菜。本名鱼腥草，川人多称之为折耳根、猪鼻拱，产季为春夏之际，每逢春耕来临时，就是吃折耳根的最佳时节。依着市场对创新的需求，将折耳根入锅炒，搭上四川特产腊肉的香味，两者香气混搭，竟然收获了一种意想不到的效果。

原料：制熟五花腊肉200克，带芽折耳根茎300克，青二荆条辣椒50克，大葱10克

调味料：川盐1/4小匙，味精1/2小匙，白糖1/2小匙，香油2小匙，色拉油2大匙

·烹调制法·

1. 将制熟晾凉的五花腊肉改刀成0.2厘米厚的肉片。
2. 带芽折耳根茎择洗干净，控干水分后切成寸段。青二荆条辣椒切成小滚刀块，大葱切寸段。
3. 在干净炒锅中放入色拉油，中火烧至四成热，下青二荆条辣椒入锅煸香，捞出备用。
4. 炒锅洗净后重新放于灶上，中火将锅烧热，下五花腊肉爆至出油，放入青二荆条辣椒、葱段炒匀，接着放入折耳根，用川盐、味精、白糖、香油调味，炒匀出锅成菜。

【大厨经验秘诀】

1. 根据部位来区分，腊肉分为五花腊肉、二刀腊肉、精瘦腊肉、腊猪脸等品种。这道菜首选肥瘦三层的五花腊肉，入锅煸炒出油脂的香味，将这种腊肉的烟熏香味融入折耳根内，成菜的乡村风味独到。
2. 折耳根分为带根的、带叶的和带芽的三种，带根的质地较老，口感略差，适宜炖汤；带叶的折耳根炒热菜不成形，适宜凉拌；带芽的折耳根茎口感最好，成菜口感脆爽。
3. 折耳根入锅翻炒匀即可出锅，不宜在锅中久炒，否则影响成菜色泽和脆爽度

▶ **菜品变化：**青笋丝拌折耳根，折耳根炖排骨，锅盔夹折耳根

色泽清爽宜人，煳辣香味厚重

馓子炒银芽

味型：煳辣味　**烹饪工艺：**炝炒

馓子也算是从四川省外传入的闲食，最大的特点是酥脆爽口。馓子是用发酵的面团，搓成细条状油炸而成的一种食品，古时候称之为寒具、环饼。银芽即绿豆芽，白嫩而脆爽。馓子与银芽搭配入肴，成菜清爽、利索，具多层次的脆爽，煳辣味浓厚而香，让人回味再三。

原料：馓子100克，绿豆芽300克，干辣椒段5克，干红花椒1克，大青甜椒20克

调味料：川盐1/4小匙，味精1/2小匙，白糖1/4小匙，香油2小匙，色拉油3大匙

·烹调制法·

1. 将成品馓子捣成约4厘米长的段，绿豆芽去根、去粗皮洗净，大青甜椒切二粗丝备用。
2. 干净炒锅内倒入色拉油，大火烧至五成热，下干红花椒、干辣椒段炝香，放入绿豆芽翻炒均匀，再放入青甜椒丝、馓子入锅。
3. 用川盐、味精、白糖、香油调味，炒至断生出锅成菜。

【大厨经验秘诀】

1. 馓子要选用粗细均匀、色泽金黄且口感酥脆化渣的。
2. 馓子不宜在锅中久炒，以免馓子吸水后发软，影响成菜口感。
3. 炝炒时油温在150～180℃之间，才能激发出干辣椒、干红花椒的煳辣味。
4. 绿豆芽不宜在锅中久炒，以免影响成菜的脆爽度。

▶**菜品变化：**炝炒黄豆芽，炝炒脆丝瓜，煳辣地瓜

专卖馓子的小店，看那师傅一缠一拉，下入油锅后随即整形，一气呵成。

54.

外酥里嫩，化渣爽口

腊味巴山豆

| **味型：** 椒盐味 | **烹饪工艺：** 炸、炒

近30年来，因为交通的便利促成许多地方特色食材得以流通，馆派川菜在市场爱尝鲜的需求中开始在各方面大胆尝试，食材就是重要的一环，以往少见的地方性特色食材也开始出现在成都、重庆等大城市的席桌上。这道菜品中，将腊肉的烟燻香味炝香后，透过翻炒渗入酥香细嫩、川北大巴山里才有产的巴山豆内，融合花椒的麻香味，那滋味在舌尖味蕾上久久不散。

位于南充市的阆中古城。

原料： 干巴山豆250克，熟五花腊肉100克，青美人辣椒粒25克，红美人辣椒粒25克，洋葱粒20克，小葱葱花10克，淀粉100克，红花椒粉2克

调味料： 川盐1/2小匙，味精1/2小匙，香油2小匙，色拉油适量

·烹调制法·

1. 将干巴山豆用温水完全浸发、沥干，倒入已装水至五分满的高压锅内，调入川盐1/4小匙，加盖用大火压煮5分钟离火，捞出备用。
2. 将熟五花腊肉切成0.5厘米见方的丁状，备用。
3. 在干净炒锅内倒入色拉油七分满，大火烧至六成热，将巴山豆拍上淀粉后入油锅内炸干水分至酥香，出锅沥油备用。
4. 另取锅倒入色拉油2大匙，中火烧至四成热，下腊肉丁爆出香味后，放入青、红美人辣椒粒，洋葱粒、酥巴山豆，炒匀，再用川盐、味精、红花椒粉、香油，葱花调味，翻炒均匀出锅成菜。

【大厨经验秘诀】

1. 巴山豆选用颗粒饱满、大小均匀、无腐烂和发霉变质的。
2. 用40℃温水浸泡巴山豆至完全吸水涨发为宜，水量一定要多于干巴山豆2倍，否则表层的巴山豆很可能无法充分吸水涨发，导致入高压锅压制后熟透的程度不均匀，达不到成菜化渣的口感。
3. 压制巴山豆时必须先调部分底味，否则影响成菜味道；拍淀粉要均匀，炸巴山豆的油温要控制在160～200℃，油温过低炸不出香味，油温太高成菜有焦味并影响色泽。
4. 压制熟透后的巴山豆应挑选表皮无碎烂的为佳，不成形的巴山豆选出不用。

▶ **菜品变化：** 椒盐蚕豆，鱼香青豆，薄荷红豆

55. 金丝虾球

色泽黄亮，酥香、细嫩、鲜美

味型：甜咸味 **烹饪工艺：**炸

在成都市南面华阳的锦江上停着几艘邮轮酒楼，是品川菜、河鲜与假日休闲的好去处。

原料：青虾500克，土豆500克，姜末25克，蒜末25克，淀粉50克，鸡蛋1个

调味料：川盐1/4小匙，味精1/2小匙，料酒1/2杯，卡夫奇妙酱（沙拉酱的一种）100克，炼乳100克，浓缩橙汁3大匙，色拉油1/3杯

·烹调制法·

1. 将青虾去壳、去除沙线，剁碎成蓉状；土豆去皮切成银针丝，用流水冲净淀粉，沥水备用；姜末、蒜末加料酒搅拌成料酒姜葱汁备用。
2. 取剁碎的虾肉蓉调入川盐、味精、料酒姜葱汁、鸡蛋液、淀粉搅打均匀、上劲、呈泥状备用。
3. 取干净炒锅上火，入色拉油至七分满，大火烧至六成热，将土豆银针丝下入油锅内，转小火浸炸至金黄、酥脆，出锅控油沥干备用。
4. 再转中火将油温升至五成热，把虾肉挤成直径2厘米的丸子放入油锅中，待虾球表面金黄至熟透时出锅沥油备用。
5. 将卡夫奇妙酱、炼乳、浓缩橙汁混合调匀成糊状酱料，炸好后的热虾球趁热先裹上一层酱料，再裹上一层土豆松成菜。

【大厨经验秘诀】

1. 虾仁必须去净沙线、壳渣，否则成菜影响口感。
2. 搅打虾蓉时必须用力，将虾肉的胶原蛋白搅打出来，这样虾球成形细嫩而有黏性，烹调时才不会散形；炸虾丸时先以高油温炸定形，接着转小火浸炸虾肉至熟，这样成菜口感鲜嫩。
3. 土豆丝粗细均匀是保证成菜外形美观的关键。土豆含淀粉较重，必须先冲净表面的淀粉，否则入油锅后容易粘连且色泽发黑。先用高油温将土豆丝水分炸干，再转至小火炸至酥香，出锅沥油后，可再用吸油纸吸干多余油分，滋味更爽口。

▶**菜品变化：**银丝鱼球，金丝绣球，鱼香豆腐丸

虾球形式的菜品繁多，口感细嫩爽口，但滋味的搭配上就显得较单纯。此菜除了在滋味上应用了西式酱汁、果汁以创造新奇感，更利用炸得酥脆的土豆丝为虾球增加口感层次，且酥脆的土豆丝比起其他酥脆食材来得更香，成菜的滋味风格让人耳目一新却又不失川菜一菜一格的特点。

56.

入口酥脆、化渣，香辣味浓郁

酥椒掌中宝

| **味型：**香酥味 | **烹饪工艺：**炸、炒

新派菜的一大特点就是可以在菜品中发现很多想象不到的食材辅料，这里用的香酥椒原是作为零食，但因色泽红亮、香酥微辣、入口化渣，很快就被川厨们盯上而应用在许多创新菜中。以这道菜来说，掌中宝，即鸡脚掌中的脆骨，经过腌制、码味后烹炸得外酥里脆，再与香酥微辣、入口化渣的香酥椒混搭炒制，成菜后酥脆微辣，色泽红亮，是最佳下酒菜。

原料： 掌中宝200克、香酥椒100克、青二荆条辣椒50克、姜片10克、蒜片10克、大葱15克、干辣椒段10克、干红花椒2克、淀粉50克、吉士粉5克、香辣酱20克

调味料： 川盐1/4小匙，味精1/2小匙，料酒1/2杯，白糖1/2小匙，胡椒粉1小匙，香油2小匙，复制老油3大匙（见253页），色拉油适量

·烹调制法·

1. 掌中宝修去边角多余的肉，用川盐、料酒、胡椒粉码味10分钟；香酥椒开袋后选颗粒状、成形均匀的。青二荆条辣椒、大葱分别切成1厘米长的粒备用。
2. 码味后的掌中宝沥干水分，用吉士粉、淀粉拌匀备用。
3. 取干净炒锅置于灶上，倒入色拉油至七分满，大火烧至六成热，将掌中宝入油锅炸至表面红亮酥脆，用漏勺捞出沥油、控干。
4. 锅内的油倒出，另倒入复制老油，中火烧至五成热，下香辣酱、干辣椒段、干红花椒、姜片、蒜片、大葱粒炒香后，放入炸好的掌中宝、青二荆条辣椒粒、香酥椒，翻炒均匀。
5. 用味精、白糖、香油调味，炒匀入味后出锅成菜。

【大厨经验秘诀】

1. 掌中宝的个头宜大小均匀，边角多余的肉必须去除干净，否则成菜口感不够脆爽。
2. 炸掌中宝的油温在180℃左右，油温太高色泽易发黑，油温太低不易上色，成菜不脆，且炸制过程中容易掉粉。
3. 炒掌中宝时用复制老油、香辣酱，成菜色泽更加红亮，香味更悠长。青二荆条炒至断生出香即可，炒过头的青二荆条会萎缩变色，影响成菜美观。
4. 掌中宝必须提前码味，成菜更加入味鲜美。

▶**菜品变化：** 青椒煸仔排，仔姜煸牙骨（猪脆骨）

成都双流牧马山上的辣椒农正将刚采收的二荆条辣椒送入市场。

57. 色泽碧绿，质地细嫩，韭香味厚重

韭香童子鸡

味型：鲜辣味 **烹饪工艺：**滑炒

韭菜的色泽碧绿诱人，香味独持，但在川菜中多担当调味料的角色，主因是其香气太过独特而鲜明，于是韭黄在川菜中应用就相对较多且几乎是主角，最有名的就是韭黄肉丝。家常菜肴中另有一道韭菜肉丝，成菜家常味浓厚而微辣、色泽酱红。按新派菜成菜要清爽、色泽要鲜明，口味在传统中创新的特点，借鉴韭菜肉丝的风味，但重用色泽碧绿、香味独持的韭菜衬托主食材，让滋味、口感丰富具层次感，红绿相间的色泽也清爽宜人。

原料：仔公鸡腿500克，韭菜300克，红小米辣椒段25克，姜末10克，蒜末10克，淀粉20克，蚝油20克，香辣酱10克

调味料：川盐1/2小匙，味精1/2小匙，料酒1/2杯，胡椒粉1/2小匙，蚝油1小匙，白糖1/2小匙，香油1大匙1小匙，花椒油2小匙，色拉油1/2杯

宽窄巷子，原是最具老成都风情的老街，经“打造”后却成为游客必访的火爆景点。

·烹调制法·

1. 将仔公鸡腿去大骨后切成筷子般粗细的条状；韭菜切掉头尾取中段切成15厘米长的段，把切下的韭菜头尾余料加入料酒搅碎成汁。
2. 将步骤1的鸡腿肉条用川盐1/4小匙、韭菜汁、胡椒粉、蚝油、淀粉码味上浆入味约20分钟备用。
3. 取干净炒锅倒入色拉油1/4杯，大火烧至五成热，下韭菜段、川盐炒至断生出锅，一半垫于盘底。
4. 洗净炒锅重新上火，倒入色拉油1/4杯，大火烧至四成热，下鸡腿肉入锅，滑炒至熟，下红小米辣椒段、姜末、蒜末、香辣酱炒香，用川盐1/4小匙、味精、白糖、香油、花椒油调味炒匀，出锅盖在韭菜段上，再将余下的一半韭菜盖在鸡肉上面成菜。

【大厨经验秘诀】

1. 选用仔公鸡腿作原料，成菜口感嫩滑有劲。
2. 为了保证成菜口感更好且方便食用，必须将鸡腿骨头去除干净再宰成小条状。
3. 必须将韭菜的边角余料用来榨汁码味，成菜韭香味才浓厚，中段韭菜除可食用外，也起到装饰美观的作用，使成菜更加有型。
4. 码味的时间要充分，时间太短韭菜味无法浸透入鸡肉内部，体现不了韭菜的香味特点。

▶**菜品变化：**葱香鱼片，韭香黄喉，韭香嫩牛肉

58.

葱香浓厚，滑嫩爽口

葱花肝尖

味型：咸鲜葱香味　**烹饪工艺：**炒

在传统上有以形补形的食补习惯，因此猪肝成了一个相对高贵的食材，特别是早期物资不丰富的时代！对现今有些年轻食客来说，猪肝也成了传统食材，如何破除这一成见？还是要从色着手，话说猪肝的成菜速度要快才能口感细嫩，因此用小炒的技法一锅而成，不加带酱色调味料，配上大量碧绿葱花成菜，色泽鲜明出众一改传统猪肝菜的形象！

原料：鲜猪肝200克，小葱200克，洋葱50克，淀粉20克

调味料：川盐1/2小匙，味精1/2小匙，料酒1/2杯，胡椒粉1/2小匙，白糖1/4小匙，花椒油2小匙，香油2小匙，葱油5大匙（见253页）

·烹调制法·

❶ 将鲜猪肝切成0.2厘米厚的肝尖柳叶片，小葱去葱白留葱叶切成葱花，洋葱切成二粗丝垫于盘底备用。

❷ 切好的肝尖用川盐1/4小匙、料酒、胡椒粉、淀粉码味上浆备用。

❸ 在干净炒锅内倒入葱油3大匙，大火烧至四成热，下码好味的肝尖入锅滑散爆炒，用川盐1/4小匙、味精、白糖、花椒油、香油调味，再放入1/3的葱花炒匀出锅，盖在有洋葱丝的盘上，将余下的2/3葱花盖在肝尖上。

❹ 洗净炒锅重新上火，倒入葱油2大匙，大火烧至五成热，将葱油浇在葱花上成菜。

【大厨经验秘诀】

❶ 猪肝有黄沙肝、油肝、猪母肝和血肝几种，以黄沙肝和油肝的质量较好，猪母肝和血肝最差，烹饪时不易炒断生，始终有血水从肝片中流出来。

❷ 猪肝须切得薄而均匀，入锅时油温在150℃左右，下锅快速滑散爆炒成菜，否则成菜口感不细嫩。

❸ 洋葱丝直接入盘垫底，不需要炒熟，生洋葱遇热后葱香味更浓烈。

❹ 葱花分两次入菜，第一次是增加菜品的葱香味，第二次是增加菜品的翠绿色。

▶**菜品变化：**鱼香肝片，白油肝片，滚石香辣肝片

59. 入口香、酥、脆，香甜而不腻

蜂窝玉米

味型：香甜味 **烹饪工艺：**炸

这道菜是用玉米粒制作的一道甜品，因外形似蜂窝而得名。西式调味料的加入，使成菜香浓诱人、口感酥脆、香甜可口。还有就是味型变化多而简易，加川盐可以做出咸鲜味；加花椒粉、川盐可以制成椒盐味；而用花椒粉、辣椒粉、川盐就能制成麻辣味。

原料：罐装玉米1罐，鸡蛋3个，低筋面粉120克，淀粉120克，吉士粉5克，水350毫升

调味料：白砂糖2大匙，巧克力彩针1大匙，色拉油适量

·烹调制法·

1. 将玉米粒倒出沥干水分，倒入大汤碗内加鸡蛋、低筋面粉、淀粉、吉士粉、水和匀，调制成稀糊状。
2. 在干净炒锅内倒入色拉油至七分满，大火烧至六成热，转成中火，旋转锅使油铺匀。
3. 将汤碗内的玉米粒糊快速而均匀地浇入油锅中，炸至色泽金黄、酥脆时出锅装盘。
4. 将白糖、巧克力彩针趁热撒在成形的蜂窝玉米表面成菜。

【大厨经验秘诀】

1. 把握好面粉、淀粉、水的比例，面粉过多炸不酥，淀粉过多则凝固力太强口感偏硬；水过多则糊太稀，成形易碎烂，蜂窝中间不易凝固易穿孔，水过少则糊太稠，蜂窝凝固成块状，不够酥脆，蜂窝中间容易炸不透，形成像溏心蛋的包浆现象，影响成菜口感酥香。
2. 锅内油面的大小决定蜂窝成形的大小，同时也决定出锅盛器的大小。
3. 油温以180℃为宜，此时蛋糊入油锅迅速发泡、凝固成蜂窝状，油温太低，蛋糊入锅后油温迅速下降，蜂窝孔起不来，蛋糊易粘锅，影响成菜美观及风味特点。
4. 蛋糊必须搅匀，快速将蛋糊浇入油锅中，快速炸成蜂窝状，蛋糊入锅的速度过慢、不匀，蜂窝成形不美观，严重的炸不成形。

▶**菜品变化：**蜂窝土豆，蜂窝山药，蜂窝地瓜

60. 棕黄而光亮，鲜辣筋道、爽口

石锅老豆腐

味型：鲜辣味 **烹饪工艺：**压、烧

凉山州有一特色菜品——连渣菜，是用酸菜水点好豆花再加泡酸菜、青菜叶下去一起煮。还有另一做法是将泡酸菜直接放入豆浆中煮，泡酸菜的酸咸将豆浆凝结，像豆花一样，酸香味独特，极为清爽解腻。

老豆腐是川厨业内对沮水豆腐的一种俗称，也称盐卤（主要成分氯化镁）老豆腐。常见豆腐有老豆腐、嫩豆腐、内酯豆腐等三种，差别在嫩豆腐是用石膏作为凝固剂制成的；内酯豆腐是用内酯（葡萄糖酸内酯）作为凝固剂制成的，老豆腐则是以盐卤为凝固剂，也相对耐煮不碎形。而此菜品就是利用这特性加上现代高压锅改变老豆腐的组织与口感，让成菜更加入味，加上用石锅的高温激出菜品的浓浓香气，也激出愉悦的用餐气氛。

原料：老豆腐500克，红小米辣椒50克，青蒜苗20克，去皮五花肉50克

调味料：川盐1/2小匙，味精1/2小匙，料酒1/2杯，老抽3大匙，美极酱油4小匙，蚝油2小匙，香油4小匙，色拉油3大匙，高汤500毫升（见252页），水淀粉3大匙

·烹调制法·

1. 在高压锅内倒入水至五分满，放入老豆腐块，盖上锅盖中火压煮10分钟，让豆腐块的组织松泡，离火冷却后取出，备用。
2. 将豆腐块切成0.5厘米厚的片，红小米辣椒斜切成长约3厘米的段，青蒜苗斜切成约3厘米长的段，去皮五花肉切成0.3厘米厚的片。
3. 取净炒锅上火，倒入色拉油，中火烧至四成热，下五花肉片炒香，加入高汤烧沸，下老豆腐片、红小米辣椒段、老抽、美极酱油、蚝油烧15分钟。
4. 加入川盐、味精、料酒、香油、青蒜苗，入水淀粉收汁成菜。

【大厨经验秘诀】

1. 沮水豆腐质地紧实，豆腐香味浓厚，成形比较完整；石膏豆腐比较嫩，入高压锅压制后容易碎，影响美观。
2. 入高压锅内将豆腐煮压成蜂窝孔状，豆腐烧制才更加入味，豆腐的质地更紧密，出品形状更完美。
3. 为了出品的标准化与提高出品效率，压制后的豆腐可以事先烧制煨入味，出菜时加热收汁即可成菜。
4. 加入五花肉的目的主要是增加菜品的脂香味，使豆腐吃起来更加柔和，鲜醇而香。

▶**菜品变化：**家常豆腐，熊掌豆腐，砂锅豆腐煲

61.

椒麻味浓郁，色泽翠绿而清香

椒麻鱿鱼花

味型：椒麻味　**烹饪工艺：**汆、拌

椒麻味是川菜中色香味都独具特色的一个味型，因为要突显花椒的麻香味，对花椒的质量要求较高，以当年的新花椒最佳，传统做法是用干红花椒，这里用保鲜青花椒，成菜后其色泽更加翠绿，葱香浓郁、麻香味悠长。这里选用深海鲜鱿鱼切成麦穗花刀状，经开水煮熟后仿佛一串串五月的麦穗，再拌以椒麻汁在鱿鱼花上，碧绿鲜嫩，清香诱人。

原料： 鲜鱿鱼500克，鲜青花椒25克，小葱叶150克

调味料： 川盐1/4小匙，味精1/2小匙，料酒1/2杯，香油2小匙，葱油3大匙（见253页），冷清鸡汤3大匙（见252页）

青花椒近30多年才跃上餐馆酒楼的台面，早期这种花椒都被当作野花椒或臭椒，原是农村里买不起或买不到干红花椒时的替代品。

·烹调制法·

❶ 将鲜鱿鱼去头、须、内脏、筋膜后处理干净，取鱿鱼身的中段，改刀成约长18厘米、宽6厘米的长方块，先斜刀切至鱿鱼肉厚度的2/3，再直刀切至鱿鱼厚度的3/4，再改刀切成长6厘米、宽3厘米的小方块。

❷ 去除鲜青花椒的花椒籽，再与小葱叶一同剁成细蓉，调入川盐、味精、香油、葱油、冷清鸡汤拌匀成椒麻汁备用。

❸ 在干净炒锅内加入水至六分满，大火烧至沸腾，将鱿鱼花、料酒倒入沸水锅中，汆至鱿鱼断生熟透出锅，晾凉备用。

❹ 将晾凉的鱿鱼花入盆，调入椒麻汁和匀后，装盘成菜。

【大厨经验秘诀】

❶ 此菜必须选用鲜鱿鱼，其成菜洁白、细嫩、鲜香。碱发鱿鱼口感脆，成形也美观，但成菜后的碱味过重影响滋味。

❷ 刀工处理的花刀刀角均匀、长短大小一致，是菜品成形美观的关键。

❸ 椒麻汁的花椒籽需清理干净，否则成菜会有沙粒的粗糙感；小葱只取绿叶部分，成菜色泽才翠绿、清香。

❹ 汆烫鱿鱼的水要多，火要大，鱿鱼花入锅不易久煮，断生即可迅速捞出，否则鱿鱼成菜口感不够细嫩。

▶ **菜品变化：** 椒麻鸡片，椒麻乌鱼片，香辣鱿鱼花

62. 色泽翠绿，酸辣爽口

搓椒脆瓜丝

| **味型：**酸辣味 | **烹饪工艺：**泡、淋

银杏是成都市的市树，春夏的嫩绿，秋冬的金黄始终是成都的一道亮丽风景。

现代营养学常说生吃蔬菜可以获得更多营养，这句话在川菜中还是行得通的。川菜的凉菜中有大量用生的蔬菜拌制成菜的，常见的有拌折耳根、生拌茼蒿、酸辣萝卜丝、水果沙拉、蒜泥黄瓜等。生吃类的菜肴特别注重食材原料的新鲜度，这样成菜口感才香脆爽口，这道搓椒脆瓜丝原为热菜，多炒烧成菜，在此转个弯，取三月瓜表面碧绿的一层切丝成菜，鲜活的瓜丝往餐桌上一放，再将刀口椒煳辣汁淋在瓜丝上，瞬间抓住食客的视线，也让人胃口大开。

原料：三月瓜（节瓜）750克，刀口椒30克（见253页），大蒜末20克，红小米辣椒末10克，小葱葱花10克

调味料：川盐1/4小匙，味精1/2小匙，白糖1/2小匙，豉油4小匙，辣鲜露4小匙，美极酱油2小匙，香油3大匙，陈醋3小匙，冷清鸡汤3大匙（见252页）

·烹调制法·

1. 将三月瓜洗净，取表皮切成二粗丝，用流动水浸泡3小时，捞出沥干水分后盛入汤碗内。
2. 将刀口椒用小火、干锅烘干至酥脆，待冷脆后用手掌搓揉成细末。
3. 将刀口椒末、大蒜末、红小米辣椒末、葱花、川盐、味精、白糖、豉油、辣鲜露、美极酱油、香油、陈醋、冷清鸡汤调匀成搓椒味汁。
4. 待食用时，再将搓椒味汁浇在三月瓜上，拌匀成菜。

【大厨经验秘诀】

1. 三月瓜应选表皮嫩而表面光洁，色泽比较绿的。若用冰水浸泡成菜，三月瓜丝会更加翠绿诱人。
2. 三月瓜切丝应均匀，只取靠近表皮的一、二层瓜皮，确保成菜后色泽翠绿，口感脆爽，外形美观。
3. 浇汁可以提前1小时调出备用，出菜时搅匀即可。
4. 必须等到就餐时才能将搓椒汁淋入三月瓜丝上，过早淋汁的话，瓜丝会因盐分使质地变软而口感不脆爽，也显得量少。

▶**菜品变化：**搓椒茼蒿，凉拌折耳根，红油三丝

63. 清香，滋糯，酸甜爽口

柠檬蒸玉米

味型：甜酸味 **烹饪工艺：**蒸

创新有时是很简单的，需要的只是灵光一闪！这道菜简单到只有黄糯玉米加上黄柠檬，对多数人而言从不曾想过将这两者凑在一起。印象中，每次端上桌，大家都被那极度诱惑、黄澄澄的颜色所吸引，抱着怀疑的心态尝一口，个个赞不绝口！没想到黄柠檬的酸甜清香，完美的烘托出玉米的滋糯爽口，那汤更是清香回甜，若是吃过麻辣味厚重的菜之后喝碗这汤，那真是爽快舒畅。

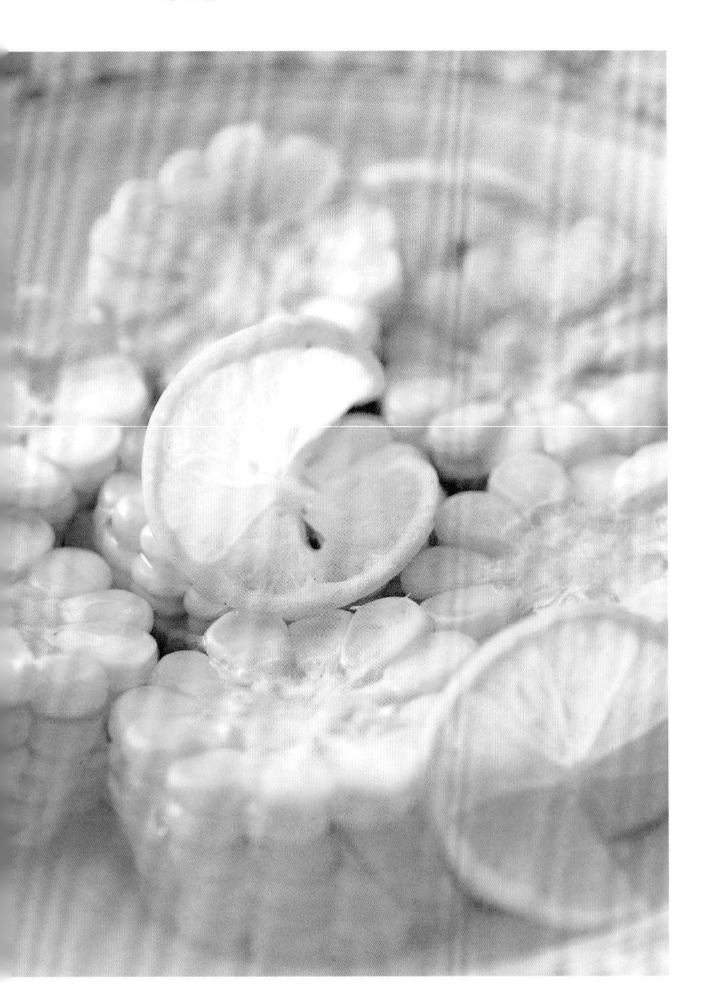

原料：黄糯玉米棒300克，黄柠檬1个，生姜5克

调味料：白糖3小匙，纯净水500毫升

·烹调制法·

1. 将鲜玉米棒横切成2厘米的厚片。生姜去粗皮切成薄片，柠檬切成0.3厘米厚的圆片。
2. 将玉米棒先放入汤碗中，放入生姜片、白糖、纯净水，用保鲜膜盖严，上蒸笼大火蒸40分钟。
3. 在蒸熟后的玉米棒片中加入柠檬4~5片，再蒸10分钟后取出成菜。

【大厨经验秘诀】

1. 此菜必须选用黄糯玉米棒，成菜口感细嫩滋糯，其他品种玉米棒成菜皮粗汁少，食用时口感差。
2. 玉米棒的尖、根部去掉不用，只取中段玉米棒切片，成形大小均匀，成菜美感强，增加食欲。
3. 玉米棒一定要蒸烂，成菜后才清香、滋润。
4. 柠檬片必须在出菜前几分钟加入，若过早加入，柠檬味经加热味发苦，影响菜品口感。

▶ **菜品变化：**蜂蜜柠檬蒸红薯，白糖柠檬蒸红豆，柠檬银耳

64.

紫白相间，香甜爽口

蓝莓土豆泥

| **味型：**香甜味 | **烹饪工艺：**蒸、炒

土豆泥在川菜中算是较新的吃法，蓝莓酱更是近一二十年才被普遍认识与接受。在欧美土豆几乎可说是主食，而吃土豆泥就和我们吃米饭一样普遍，花样也多，这道甜菜就是借鉴西方食文化加上川菜工艺结合而成。其中最大差异在于欧美的熟土豆压成泥后就直接食用，川厨则是回锅炒制出香，以迎合四川人爱吃香香的特点。

原料：土豆400克

调味料：白糖3大匙，蓝莓酱4大匙，色拉油3大匙

·烹调制法·

1. 土豆去除表面粗皮，切成0.3厘米厚的片，用流动水冲洗去表面的淀粉，捞出沥干水分，上笼蒸40分钟，取出趁热压碎成泥状。
2. 在干净炒锅内倒入色拉油，中火烧至三成热，下土豆泥入锅炒至翻沙，调入白糖后再不停翻炒均匀。
3. 将炒匀的土豆泥出锅装盘，淋上蓝莓酱成菜。

【大厨经验秘诀】

1. 土豆选用淀粉较重的白心土豆，它质地松软，淀粉较重。黄心土豆质地较脆，含淀粉较少，做成的土豆泥不易翻沙，易出现颗粒物，影响质感。
2. 土豆去皮后，无论切成片、丁、丝还是块，都必须用流动清水淘洗去淀粉，否则土豆容易变黑而影响成菜色泽美观。
3. 土豆须大火蒸𤆵、蒸透，如没有完全蒸𤆵，压碎时会出现颗粒，无法完全成泥状，入锅就炒不散，影响口感。
4. 蓝莓酱可使用瓶装的果酱，一是方便，二是口味稳定。

▶ **菜品变化：**蓝莓山药，蓝莓莲藕，蓝莓沙肉

65. 色泽棕红，滑嫩爽口

杏鲍菇炒牛肉粒

味型：黑胡椒味　**烹饪工艺：**炒

原料：雪花牛肉200克，杏鲍菇200克，青二荆条辣椒段50克，红二荆条辣椒段50克，姜片10克，蒜片20克，大葱粒20克，鸡蛋1个，淀粉50克，水1大匙，干葱头（红洋葱）50克

调味料：川盐1/2小匙，味精1/4小匙，白糖1/2小匙，黑胡椒汁3小匙，蚝油3小匙，料酒1/2杯，老抽2小匙，香油1大匙，色拉油适量

曾风行四川地区的皮影戏又称灯影戏，昔日的表演工具，现今是最具四川特色的工艺品。

·烹调制法·

1. 将杏鲍菇切成1.5厘米见方的丁，雪花牛肉也切成1.5厘米见方的丁，干葱头切成1厘米见方的小丁。
2. 雪花牛肉丁用水冲净血水，挤干水分，用川盐1/4小匙、料酒、鸡蛋、淀粉及水，搅打上浆。
3. 取干净炒锅置于灶上，倒入色拉油至七分满，大火烧至六成热，下杏鲍菇丁炸至金黄色、熟透，用漏勺捞出锅沥油。
4. 把锅的油倒出，锅内另倒入色拉油3大匙，中火烧至五成热，下牛肉丁炒散，下姜片、蒜片、大葱粒、干葱头丁炒香，加入杏鲍菇丁、青红二荆条辣椒段炒匀。
5. 用川盐1/4小匙、味精、白糖、黑椒汁、蚝油、老抽、香油调味，炒至牛肉粒、杏鲍菇入味，收汁出锅成菜。

【大厨经验秘诀】

1. 雪花牛肉也可以更换成牛里脊肉，但口感的细嫩度略差些。牛肉粒切好后冲去血水，可让牛肉粒成菜后光洁度更好。
2. 杏鲍菇入油锅中炸熟后，成菜口感滑嫩而爽，同时也缩短烹调时间，使杏鲍菇在炒制时更加入味，色泽更加红亮，若用沸水煮熟杏鲍菇则口感欠佳。
3. 雪花牛肉在码味上浆时应注意以下几点，其一，牛肉粒必须先冲净血水；其二牛肉粒在码味时须充分吸收水份，否则成菜口感不够细嫩；其三，上浆过程中牛肉粒必须搅打上劲，将其胶原蛋白搅拌出来，附着在牛肉粒表面呈糊状，再加上淀粉来增加牛肉粒的滋润度，成菜口感才细嫩。
4. 滑炒牛肉粒的温度在120～150℃为宜，油温过低牛肉粒易脱浆，成菜口感不够细嫩，油温过高牛肉粒入锅后不易炒散，牛肉的口感易老。

▶ **菜品变化：**石板杏鲍菇，巧拌杏鲍菇，浓汤烩杏鲍菇

此菜品以牛排佐黑椒椒汁的概念为基础创新而来，因我们是用筷子夹菜，牛排就须改刀为丁，以炒的手法呈现牛排煎烤的香气，再考量川菜讲究荤素搭配，再依口感滋味的需求就选上了杏鲍菇，实现西菜川烹的概念。杏鲍菇的口感脆嫩像鲍鱼，菌盖脆滑爽口，具有淡淡的杏仁香，在菜品中可以起到很好的衬托作用。

67. 入口细嫩

生

味型：

南瓜又称为麦
四川南瓜是指还没
瓜肉熟到转成金黄色
四川的朋友常分不
里用的是老南瓜，
金黄再调味就成，
青二荆条辣椒的椒香
香一分离，那成菜
们常说的：看起来简
功底。

原料：老南瓜1千克
洋葱30克

调味料：川盐1/4小
油3大匙

·烹调制法·

❶ 将老南瓜剖开，
见方的块，洋葱切

❷ 将切好的老南瓜
大火蒸6分钟取出备

66. 鲜

三

在1990-
繁，加上进
变得更丰富
新旧之间找
成了川厨们
境造就出的
冻麦粒，清
将香味与油
合了烟熏味，

原料： 青麦
红小米辣椒

调味料： 川
小匙，色拉

·烹调制法

1 将青麦仁
出晾凉备用
米见方的丁

2 炒锅内倒
腊肉丁炒香
爆香，用川

68. 入口香甜，外脆里软

燕麦炒山药

| **味型：**香甜味 | **烹饪工艺：**炸、炒

原料：三合一燕麦片100克，山药400克，脆浆糊1份（约300克）（见255页），色拉油适量

·烹调制法·

1. 去除山药表面的粗皮、根须，切成长5厘米，宽2.5厘米，厚0.4厘米的片。
2. 干净炒锅内加入水至六分满，大火烧沸，倒入切好的山药片汆至断生，用漏勺捞出沥净水分，放入脆浆糊内。
3. 洗净炒锅重新上火，倒入色拉油至六分满，大火烧至五成热后转小火，将步骤2的山药片裹匀脆浆糊逐一放入油锅内，炸至外酥里嫩、色泽金黄，出锅沥油备用。
4. 锅洗净重新置于火上，开小火，放入炸好后的山药、营养燕麦片50克炒匀出锅装盘，将剩余的营养燕麦片撒在山药上成菜。

【大厨经验秘诀】

1. 山药选用粗细均匀、平整笔直、无黑点的脆山药为上品。
2. 山药必须去干净粗皮、根须及小黑点，刀工处理厚薄、大小应均匀，才能让成菜美观。
3. 脆浆糊须事先调制好，使其适当发酵，成菜才会外皮酥脆，但不能发酵过头，发酵过头的脆浆糊会造成炸制成形的成品表面粗糙，影响成菜美感。
4. 山药片下油锅的过程中，油温控制在120～150℃即可，以小火保持油温不变，当山药全部入锅后，再将油温升高，把山药炸脆、炸香。油温过低裹在山药上的脆浆糊泡起不来，显得死板，油温过高则容易将脆浆炸焦，影响成菜色泽和口感。
5. 炒山药时锅内不能有油，锅内温度不能太高，否则燕麦片容易炒焦煳，还不易炒散。第一次下燕麦片是使山药入味，第二次下燕麦片是使成菜风味更浓厚。
6. 燕麦片要选甜味的，并且是速溶状半成品，成菜后才能显现出香甜的特点。

▶ **菜品变化：**咸蛋黄炒山药，燕麦片炒老南瓜，挂霜芋头

山药又名怀山、白山药、山薯蓣等，一直以来山药在烹制上大多是炖、炒的方式成菜，较著名的菜有五福怀山、山药炖甲鱼等。这里大胆使用即食的三合一燕麦片与炸熟的山药一起炒制成菜，入口奶麦香味浓、松软带脆，有着意想不到的美味感。且此菜不仅做法简单，应用变化也广，山药可换成土豆、地瓜等食材，即食燕麦片也可换成其他风味。

位于重庆市酉阳县的龚滩古镇，临乌江而建，有1700多年历史。古镇现存长约3千米的石板街、数十座形态各异的吊脚楼，极具地方特色。

69.

入口脆爽，鲜辣味浓郁

风味时蔬

| **味型：**鲜辣味　| **烹饪工艺：**煮、炒、淋

风味这个词在菜肴中运用广泛，多指这道菜品的成菜风格、味型比一般家常菜更具特色，味道差异相对大。受地域饮食习惯的影响，时蔬菜品常用的烹调技法有清炒、炝炒、蒜炒、白灼、上汤、白水煮等，而这道风味时蔬在保有时蔬的清鲜之余，把一锅成菜的做法改为多阶段的工艺，加上口味从常用的煳辣味改为鲜辣味，更符合时下川人的饮食喜好。

原料：凤尾（莴笋尖）350克，去皮前夹猪肉150克，生姜20克，大蒜30克，红小米辣椒50克，细香葱花20克，永川豆豉100克，香辣酱25克

调味料：川盐1/4小匙，味精1/2小匙，白糖1/2小匙，料酒1/2杯，香油2小匙，蚝油2小匙，色拉油3大匙，水淀粉2大匙

·烹调制法·

1. 将凤尾洗净，逐一把凤尾一剖为4块，改刀成形。生姜、大蒜、红小米辣椒分别切成0.3厘米见方的丁备用。
2. 炒锅内加入清水至五分满，大火烧沸后用川盐调味，倒入凤尾汆水断生，出锅沥水装盘备用。
3. 洗净炒锅，倒入色拉油，大火烧至四成热，下入猪肉末炒散，煵至水分干而出香，加生姜丁、大蒜丁、红小米辣椒丁、永川豆豉、香辣酱、蚝油炒至上色、红润，烹入料酒增香。
4. 用味精、白糖、葱花调味，入水淀粉收汁后出锅浇在凤尾段上成菜。

【大厨经验秘诀】

1. 凤尾以色泽碧绿、新鲜、大小均匀、长短一致的为上品。
2. 将凤尾的根部修理整齐，改刀后大小均匀、长短一致，成菜才美观。
3. 凤尾入沸水锅汆水时，水量要多，火力要大，成菜色泽碧绿才有保障，调入川盐汆烫凤尾是为保证成菜有基本底味。
4. 猪肉末炒制的肉臊子一定要达到色泽红亮、滋润的效果，成菜以后才能润泽、爽口、鲜香，增进食欲。

▶ **菜品变化：**干锅娃娃菜，油渣炒莲白，豆角炒茄条

70.

质地脆滑爽口、干香，家常鲜椒味浓

尖椒炒脆花肉

| **味型：**家常味　| **烹饪工艺：**煮、炸、炒

此菜选用的普通五花肉又称三层肉、三线肉，它肥瘦相连、层次分明，肥而不腻，滋糯鲜香，各大菜系都运用广泛，无论炒、烩、煨、炖，还是煎、炸、蒸、煮、煸，几乎所有烹饪手法都能成菜并各具特色。这道菜一改常见尖椒小炒肉的滋糯微辣家常味，通过工艺改变肉的口感以呼应鲜辣椒的鲜脆，加上藤椒油的使用鲜椒味更突出，香气更佳。

原料：五花肉400克，青二荆条辣椒段100克，红小米辣椒段50克，生姜丁20克，大蒜丁30克，红曲米30克，大葱粒15克，永川豆豉10克，香辣酱20克，水600毫升

调味料：川盐1/4小匙，味精1/2小匙，白糖1/2小匙，料酒1/2杯，香油2小匙，藤椒油1/4小匙，色拉油适量

·烹调制法·

❶ 将五花肉切成0.5厘米粗的条状备用。

❷ 取干净炒锅上火，倒入红曲米，加入水大火烧沸，熬约5分钟后捞出红曲米，再加入五花肉条煮至上色，用漏勺捞出锅沥干水分备用。

❸ 洗净炒锅重新上火，倒入色拉油至七分满，大火烧至五成热，下五花肉条后转小火炸熟，出锅沥油。

❹ 锅内留色拉油约50毫升，中火烧至四成热，下入五花肉条、永川豆豉、香辣酱、生姜丁、大蒜丁、大葱粒炒香，再加入红小米辣椒段、青二荆条辣椒段炒匀入味。

❺ 用川盐、味精、白糖、料酒、香油、藤椒油调味炒匀后出锅成菜。

【大厨经验秘诀】

❶ 五花肉以肥瘦均匀、厚度一致、不易脱层的为上品。

❷ 五花肉入红曲米汤汁中煮一是为了上色，二是将五花肉煮熟，缩短烹调时间。

❸ 五花肉的刀工处理应大小均匀，成菜后才会更显刀工的细腻与菜品自身的层次。

❹ 五花肉入油锅炸的作用有三，一是巩固五花肉成菜色泽不退化，二是使五花肉成菜更加鲜香，三是再次缩短成菜的时间。

❺ 在炒五花肉条时，火力应控制在中小火为宜，要慢慢将青二荆条辣椒、红小米辣椒味道的香融入到五花肉之中去。

▶ **菜品变化：**柴火尖椒鸡，山椒煸仔兔，青椒土豆鸭

外酥里嫩细腻，煳辣荔枝味浓厚

71. 腰果爆爽肉

味型：煳辣荔枝味　**烹饪工艺：**炸、炒

猪爽肉是猪颈两边的肉，肉质鲜嫩，入口爽滑，口感极佳，但一头猪只有两小块，重量不到500克，因为稀少而被捧称为松阪肉。鉴于猪爽肉的肉质鲜嫩滑爽，因此借鉴名菜宫保鸡丁的烹调技法并沿用相同味型，成菜颗粒均匀完整，肉香味更浓，外酥里嫩，煳辣荔枝味浓厚，成菜色泽滋润。

成都是越夜越美丽，晚上漫步在合江亭到九眼桥间的锦江边上，廊桥夜景搭配凉风徐徐十分惬意。

原料：松阪肉半成品400克，油酥腰果150克（见255页），姜片5克，蒜片5克，大葱粒20克，干红花椒粒2克，干辣椒段10克，淀粉50克

调味料：川盐1/4小匙，味精1/2小匙，白糖4小匙，陈醋5小匙，料酒2小匙，香油3小匙，色拉油适量

·烹调制法·

1. 将松阪肉切成1.5厘米见方的丁备用。
2. 将川盐、味精、白糖、陈醋、料酒、香油、淀粉20克倒入碗中调匀成滋汁。
3. 干净炒锅内倒入色拉油至五分满，大火烧至五成热，将切好的松阪肉丁均匀拍上剩余的30克淀粉，入油锅内炸至外酥里嫩、熟透，出锅沥油。
4. 将锅内余油倒出，另倒入色拉油3大匙，中火烧至五成热，放入干红花椒粒、干辣椒段、姜蒜片、大葱粒炒出煳辣香味后，烹入滋汁炒匀，下入炸好的松阪肉、腰果翻炒均匀，出锅成菜。

【大厨经验秘诀】

1. 这里选用松阪肉半成品，让烹调更简便，因半成品松阪肉的厚薄、大小、码味等已处理加工妥当，只需改刀。如果选用新鲜的松阪肉，须先去油膜，整理厚薄，再用川盐、食用碱（碳酸钠）、淀粉、姜葱汁码味3小时，最后改刀切成丁状，肉丁大小均匀是保证成菜形态美观的关键。
2. 切好的松阪肉丁拍淀粉不宜过厚，干淀粉太厚炸好后表面不均匀，成菜后容易把荔枝汁吸干，影响成菜滋润和多汁感。
3. 炒制时，须先将煳辣味炝香出来，再将荔枝味滋汁入锅炒熟，最后下松阪肉和腰果，否则腰果、松阪肉入锅久炒会导致成菜不够酥脆。

▶**菜品变化：**宫保鸡丁，宫保肉花，腰果鱿鱼花

72.
咸鲜淡雅，滑嫩爽口

萝卜鸡丸

味型： 咸鲜味　**烹饪工艺：** 蒸、淋

原料： 鸡脯肉蓉200克，猪肥膘肉蓉100克，鸡蛋1个，淀粉30克，白萝卜400克，脆松柳（山藜豆芽）100克，大葱10克，红甜椒10克，生姜5克

调味料： 川盐1/2小匙，味精1/2小匙，白糖2克，胡椒粉1/2小匙，料酒1/2杯，蒸鱼豉油1/3杯，葱油2大匙（见253页）

四川大学的望江校区历史悠久，既是人才摇篮，也是值得花时间漫步其中的美丽校园。

·烹调制法·

1. 将白萝卜去皮切成绿豆大的丁状；大葱、红甜椒、生姜分别切成银针丝，泡于清水中备用。
2. 白萝卜丁加川盐1/4小匙拌匀，腌制30分钟后，淘洗干净挤干水分备用。
3. 将鸡脯肉蓉、猪肥膘肉蓉入盆，加鸡蛋、川盐1/4小匙、味精、白糖、胡椒粉、料酒、淀粉搅打上劲，放入白萝卜粒拌匀。
4. 将步骤3的原料挤成狮子头大小的肉丸，上蒸笼中火蒸约15分钟取出备用。
5. 取干净炒锅倒入水至五分满，大火烧沸，脆松柳下到锅中汆熟捞出，放在萝卜鸡肉丸中央，点缀姜葱丝、红椒丝，浇入蒸鱼豉油备用。
6. 洗净炒锅，倒入葱油，大火烧至五成热，出锅浇在步骤5的姜葱丝上成菜。

【大厨经验秘诀】

1. 鸡脯肉与猪肥膘肉的比例一般为2：1，肥肉少成菜口感不滑嫩、不鲜香，鸡脯肉过多成菜口感发柴，不够细嫩。
2. 白萝卜一定要用盐渍一下，将萝卜中的涩味去除并去掉一些水分，再与鸡蓉一起搅均匀，否则鲜白萝卜易出水，会导致鸡肉丸黏性不足而易碎，影响成菜的形状美观。
3. 控制鸡肉丸入蒸笼的蒸制时间，蒸得过久会使白萝卜失去清香味、脆爽感，蒸的时间太短则鸡肉丸可能无法熟透。
4. 萝卜鸡丸的生胚大小应均匀，否则影响成菜的美观。

▶**菜品变化：** 豆腐鸡丸，马蹄鲜肉丸，脆藕牛肉丸

萝卜鸡丸这道菜品是借鉴传统狮子头的做法，在其基础上加以改良而成，菜品体现了萝卜粒清香、鲜甜、脆爽的口感，以及鸡丸滑嫩鲜美、咸鲜淡雅、洁白细嫩的质感，能带给食用者充分的美食享受与乐趣。此外冬季是萝卜的盛产季节，此时制作这道菜品，萝卜的清香、鲜甜、脆爽更是回味无穷。

73. 脆糯爽口，咸鲜而微辣

四季豆煸海参

| **味型：** 咸鲜微辣味 | **烹饪工艺：** 干煸

松潘县自古以来即为川、甘、青三省商贸集散地，有“川西北重镇”之称，古城的形制保留相对完整，让人有穿越时空之感。

原料： 四季豆300克，水发南梅参200克，碎米芽菜50克，姜末20克，蒜末20克，小葱葱花20克，干红花椒15粒，干辣椒段10克，制熟五花酱肉100克

调味料： 川盐1/4小匙，味精1/2小匙，白糖1/4小匙，香油2小匙，色拉油适量

·烹调制法·

1. 将四季豆去筋切成3厘米长的段，水发南梅参去除沙肠内脏切成2厘米见方的丁，制熟五花酱肉切成1厘米见方的丁。
2. 在干净炒锅内倒入碎米芽菜，用中火慢慢把芽菜的水分炒干至香，出锅备用。
3. 洗净炒锅，倒入色拉油至六分满，大火烧至五成热，下四季豆炸熟，出锅沥油。
4. 倒出锅中余油，另取色拉油3大匙入锅，以中火烧至四成热，放五花酱肉丁入锅爆香，续下干红花椒粒、干辣椒段炝香，再放入碎米芽菜、姜末、蒜末、水发南梅参炒香后加入四季豆。
5. 加入川盐、味精、白糖、香油、葱花炒香至入味，出锅成菜。

干煸四季豆可说是最为知名的四川家常菜，几乎有川菜馆子的地方就能见到它的踪影。这道菜是运用具川菜烹调特色之干烧、干煸技法成菜，特点是干香味十足。这里将四季豆结合山珍海味中的珍品海参，转眼间就让极为家常的菜品身价倍增，且改变海参多以捞汁、烧、烩等方式烹调的习惯，用上干煸的技法，让海参口感滋味不同寻常。

【大厨经验秘诀】

1. 四季豆选用表面光滑、无空口、肉厚实、新鲜的为宜。
2. 四季豆、海参、五花酱肉的刀工处理应粗细均匀、长短一致，这样成菜以后才能体现烹饪工艺的精细。
3. 炸四季豆的油温控制在130～160℃为宜，油温太高易炸焦，四季豆内部不易熟透；油温太低，四季豆易吸油，也不易炸透，未熟透的四季豆带有毒素，不可食用。
4. 碎米芽菜含水分较重，最佳方法是提前将多余的水分煵炒至干香，成菜更能体现芽菜的浓厚风味。
5. 在煸炒过程中最好使用中小火力，火力过大会使四季豆的成菜不够翠绿，影响色泽美观。

▶ **菜品变化：** 四季豆烧猪尾，干烧绍子海参，浓汤小米捞辽参

NATIONAL
BEAUTY
AND HEAVENLY
FRAGRANCE

74. 香菇香味浓郁，质地细腻，鲜辣爽口

青椒小香菇

| **味型：**鲜辣味 | **烹饪工艺：**炒

原料：干小香菇50克，五花肉100克，姜片25克，蒜片25克，大葱粒30克，青二荆条辣椒段100克，红小米辣椒段30克

调味料：川盐1/4小匙，味精1/2小匙，白糖1/4小匙，香油2小匙，葱油3大匙（见253页），辣鲜露2小匙，卤水500毫升（见253页）

·烹调制法·

1. 用温水将干小香菇浸泡涨发6小时后捞出沥净水分备用，五花肉煮熟后切成1厘米见方的丁。
2. 将涨发后的小香菇放入干净的锅中，加卤水上大火煮开后关火，移置一旁浸泡1小时，捞出沥干水分备用。
3. 取干净炒锅，倒入葱油，以中火烧至四成热，下五花肉丁煸炒出油至香，下姜片、蒜片、大葱粒、青二荆条辣椒段、红小米辣椒段，再加入步骤2的的小香菇同炒。
4. 用川盐、味精、白糖、辣鲜露、香油中火翻炒至香菇入味，趁热出锅成菜。

【大厨经验秘诀】

1. 干香菇必须先涨发透，再用卤水或骨头汤煨入香味，否则香菇成菜以后咸鲜味不足。
2. 煨好的香菇含水份较重，在炒制前必须挤干多余水分，否则会影响香菇本身的香味。
3. 用五花肉和卤水作辅料，主要是使香菇成菜后滋味更加浓厚而悠长。
4. 炒制小香菇时，火力要小，在锅中慢慢地将水汽炒干至香，才能体现香菇本身的细腻质地和芳香气味。

▶ **菜品变化：**香菇炖排骨，香菇炒肉片，香菇扒菜胆

老成都人盖碗茶，喝的不只是茶，更多的是时间与情感的滋味。

在传统川菜里鲜辣味用得少，而新派川菜中借鉴最多的应属鲜辣特色鲜明的湘菜，于是有了新派川菜多鲜辣味的现象。也因此，个头与小拇指大小相当，香味浓郁，成菜口感细腻的小香菇也选择以鲜辣味衬托菇香味，图一个爽口的滋味。小香菇目前仍多种在高山，因存储和运输不方便，市场上几乎见不到鲜品，一般都是干品。

75. 麻辣干香，细嫩化渣

香嘴牛肉丝

味型： 麻辣孜香味　**烹饪工艺：** 卤、炸、炒

牛肉是常见的烹调食材，煸、烧、炒、炖、蒸等技法较多，牛肉本身肉味重，因此成菜的滋味多半较浓厚，十分适合佐酒或伴饭食用。这道菜的香嘴二字意为香香嘴，除了是好吃嘴的另一种称呼外，现也用于形容好吃嘴们喜欢的一种味型，特点是麻辣干香、回味悠长，香味来自于精心煸炒的红彤彤的干二荆条辣椒、花椒等香辛料，加上牛肉的干香，一上桌那香气就扑鼻而来，吃完后是满嘴生香啊！

原料：牛后腿肉200克，干二荆条辣椒200克，白芝麻50克，小葱葱花20克，花椒粉2克，孜然粉10克，辣椒粉10克，淀粉50克，香辣酱10克，卤水1锅（见253页）

调味料：川盐1/4小匙，味精1/2小匙，白糖1/2小匙，香油4小匙，花椒油2大匙，复制老油3大匙（见253页），色拉油适量

·烹调制法·

❶ 将牛后腿肉改刀切成长宽约12厘米大小的块，干二荆条辣椒切成二粗丝。

❷ 干净炒锅内加水至六分满，大火烧沸，牛肉块下锅汆透，捞出沥水备用。

❸ 将卤水锅上大火烧沸转小火，放入牛肉块，小火慢卤2小时至熟软，捞出晾凉，顺着纤维走向撕成二粗丝，加入淀粉拍匀备用。

❹ 洗净炒锅重新上火，倒入色拉油至六分满，大火烧至六成热，下入牛肉丝，炸至外酥里嫩，出锅沥油。

❺ 另取锅倒入复制老油，中火烧至四成热，下香辣酱、白芝麻炒香至红亮，放入干二荆条辣椒丝、牛肉丝，煸炒出辣椒的香味。

❻ 用孜然粉、辣椒粉、花椒粉、川盐、味精、白糖、香油、花椒油调味，炒匀后下入葱花翻炒成菜出锅。

【大厨经验秘诀】

❶ 牛腿肉选用成块、纤维纹路较明显、少筋的。

❷ 卤牛肉时用小火慢慢将其卤至粑烂，但不能太粑，需捞出锅后仍能成块，因牛肉蛋白质较多、纤维粗，冷却后口感容易出现返硬。

❸ 牛肉必须完全冷却后才能撕成牛肉丝，否则不易成形。

❹ 拍完淀粉的牛肉丝必须在油温180～200℃时入锅，急火短炸使外表酥脆，油温太低拍的淀粉挂不住，成菜口感不够干香。

❺ 干二荆条辣椒丝必须小火慢炒，将辣椒的香味炝炒至牛肉丝内部，才能体现成菜特色。

▶ **菜品变化：**干煸牛肉丝，麻辣牛肉干，孜然嫩牛肉

只要条件许可，四川人很愿意在吃上花功夫，在辣椒产季时，处处可见晒辣椒的风景。

第六篇

功夫菜肴，意味着每一道菜都非常考究选料、调味、烹调工艺，成菜形式雅致朴素。有些菜肴看似简单，实际上十分讲究细节，因此工艺复杂，要花上一两天或更长的时间才能完成。川味功夫菜最大的特点就是极为注重菜肴食材的本味，尽可能体现原汁原味，连成菜色泽都是以菜肴中食材自身的色泽为主。味型风格方面以咸鲜、清爽、淡雅为主，既是绝佳美食也健康养生。

功夫菜

[重本味]

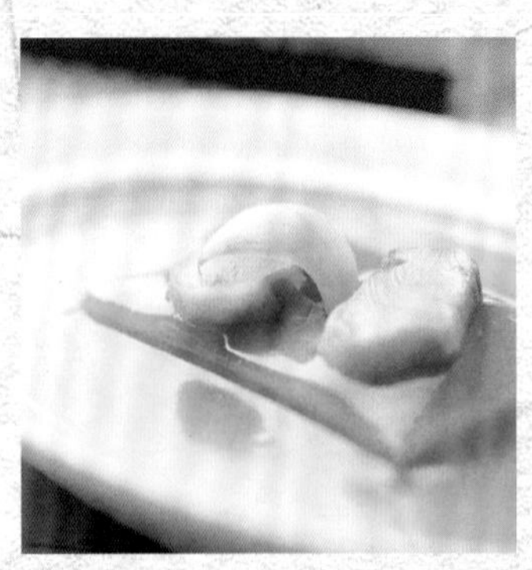

松茸老南瓜。

功夫鲫鱼汤。

功夫菜特点

讲原味，川味功夫菜是一绝

川菜给人的第一印象就是红亮麻辣，这点作为宣传川菜的亮点确实恰如其份，但却也因为宣传过头造成川菜就等于麻辣的刻板印象，甚而有四川人不懂原味之美才把菜做得又麻又辣的误解！真是天大的冤枉啊！

实际上恰恰相反，川菜极致美味与烹饪工艺的精华都在这功夫菜中，如功夫鲫鱼汤（参见《川味河鲜烹饪事典》一书）先炸后熬，耗时3~4小时，成菜汤色乳白，一入口那滋味犹如鲜活鲫鱼做成的生鱼片（鱼生）般鲜美，较之生鱼片还更胜一筹就在于没有生鱼的血腥味，为何川厨可以将一道原料寻常的菜品做到极致？即使经过长时间的热加工仍有办法保留本味，甚至是鲜味！

大家可能忘了，试着回想一下，一道滋味绝佳的麻辣川菜，是不是在饱满到像要溢出的丰富麻辣香的滋味中，都还能品到主食材的本味、原味？因此好的川菜无论麻辣滋味多厚重，鲜香绝对摆第一。因为多数人都被麻辣冲昏头了，却忽略了菜肴美味的基础就是主食材的鲜美本味。再试着想像一下，拿掉麻辣菜品里的主食材，光烹煮调辅料会是怎样的滋味？所以麻辣菜肴必须要有鲜香滋味才是合格的川菜。

从上面的说明可知，川厨们整天烹调着看起来矛盾的滋味，厚重中要保留食材的鲜香本味，清鲜中要给人满足的厚实感。因此对于强调鲜美本味的功夫菜，川厨们可是驾轻就熟，通过熟练的选材、去腥除异功夫加上足够的时间，令人停不了筷的鲜美滋味就能一道道呈现出来。

开水白菜。

看川厨如何练就功夫菜

功夫川菜味型风格方面以咸鲜、清爽、淡雅为主，而且耗时费工，选材是第一要素，该鲜要鲜、该陈要陈、该醇要醇、该美要美、该素要素。取得适当食材之后，考虑的就是如何在烹调过程中除异增鲜？该用怎样的火候才能既保色又出味？用怎样的调味手法增鲜增香又能突出原味，甚至保有食材新鲜时才有的鲜滋味？

如开水白菜，端上桌只见一清二白，一口汤入口，心里想的就是以后吃不到怎么办！这让人心动的鲜美滋味靠的是6~8小时吊制的高级清汤，吊制高级清汤所用的猪鸡鸭等食材的量都要大，都要选用天然放养的，加上适量的姜、葱、料酒才能得到鲜香味浓的极致味道。熬制好后还要用大量的猪肉蓉、鸡肉蓉将汤中杂质完全扫净并进一步增鲜增味。到这里已完成2/3的工作，而碗中小小的白菜用的是大白菜的嫩心，先用高级清汤煨熟保色，滋味清香鲜甜，最后入碗灌汤成菜。

因为功夫菜的重点在于展现美食的极致，相对而言有一定的纯粹性，也就是说对菜肴原汁原味没有加分效果的一律舍去，成菜的外观因而相对朴素，如何让朴素变成精致、细腻而典雅？首先是前面谈的烹制工艺，这是决定菜肴成菜色泽的关键。其次是器皿的选用，应以纯色、素雅、精致为基本，选对的盛器及色泽能更有效的辅助、衬托成菜色泽，让整体效果更加细腻典雅，产生一种纯粹的美。

何为川菜本味？鲜香才是真功夫，这功夫的境界只要你用心细细品尝过工艺正宗的功夫川菜就能体会，那滋味能立即带你跃上那极致的境界！

76\. 营养丰富，色泽鲜明，咸鲜味美

虾球粗粮汇

味型： 咸鲜味　**烹饪工艺：** 烩

夜访合江亭，合江亭位于成都府河、南河会合处，是过去成都人走水路出川的起点。

原料： 干青虾仁100克，鲜豇豆70克，糯玉米粒30克，红腰豆30克，小米30克，鲜桃仁30克，莲子10克，薏米10克，芡实10克，鲜百合10克，老南瓜蓉50克，淀粉10克，高级浓汤500毫升（见252页），水淀粉100克

调味料： 川盐1/2小匙，味精1/2小匙，白糖1/4小匙，化鸡油3大匙

·烹调制法·

1. 小米、莲子、薏米、芡实一起用温水浸泡6小时，沥水后再入笼旺火蒸30分钟取出备用。
2. 青虾仁用食用碱涨发20分钟后，用清水淘洗干净，挤干水分，再用川盐1/4小匙、淀粉码味；鲜百合切去两头后洗净备用。
3. 鲜豇豆切成0.5厘米的颗粒，入沸水锅中汆煮至断生，捞出沥水备用。
4. 干净炒锅内倒入水至七分满，大火烧沸，将糯玉米粒、红腰豆、鲜桃仁、码味后的青虾仁倒入沸水中汆煮至断生，出锅沥水备用。
5. 炒锅洗净，倒入高级浓汤，中火烧沸，加入步骤1、步骤3和步骤4处理好的食材入锅搅均匀，用老南瓜蓉调色。
6. 用川盐1/4小匙、味精、白糖调味搅匀，再调入化鸡油、鲜百合和匀，最后用水淀粉入锅收芡汁，出锅成菜。

民以食为天，食以味当先！随着生活水平的提高，川菜地区的人们在吃完大麻大辣、口味厚重的菜品之后，总喜欢再品尝一两道清爽淡雅的菜肴，一为清口，二是养胃。这道虾球粗粮汇让美食爱好者饱口福之余，还能增加营养。此菜品结合营养概念，无论荤素、粗细的营养搭配方面，还是色泽、口感的丰富性上，都能达到营养和色香、味美的高要求。

【大厨经验秘诀】

1. 干虾仁必须提前涨发，再充分码味上浆，否则虾仁成菜不脆滑，影响成菜口感。
2. 干制品食材，如小米、莲子、薏米、芡实需提前涨发后蒸熟备用。
3. 老南瓜蓉用于调色，让成菜美观；鸡油的作用是增加菜肴的亮度。
4. 此菜重点在鲜香感，高级浓汤熬制的好坏与鲜度，直接影响成菜的鲜香感。
5. 成菜稠稀度应适中，所有食材在浓汤中分布均匀。若水淀粉用量过少则成菜汤汁过稀，食材与汤汁易分开（分层），影响成菜的感观度及鲜味；若淀粉用量过多则成菜稠度过浓，影响口感。

▶ **菜品变化：** 小米青菜钵，养生杂粮羹，素烩三鲜

77. 色泽棕红，咸鲜爽口，营养丰富

浓汤全家福

味型：鲍汁咸鲜味　**烹饪工艺：**烧

顾名思义，这道浓汤全家福内容丰富，山珍海味荤素皆有。此菜借鉴闽菜佛跳墙的一些做菜思路，在传统咸鲜味中突出海味。此菜重用浓汤以融合各种食材的滋味，汤汁相对较多，可单独当菜品食用，汤汁更可以作捞饭，富含胶质，味美而咸鲜爽口，老少皆宜。

四川，天府之国，五谷杂粮不只丰产，选择性也很多。

原料： 鲜鲍鱼10头，虾仁50克，水发海参50克，鹌鹑蛋50克，鱿鱼50克，花菇100克，冬笋100克，胡萝卜50克，西蓝花50克，高级浓汤500毫升（见252页），水淀粉75克

调味料： 川盐1/4小匙，味精1/2小匙，白糖1/2小匙，蚝油3小匙，鲍鱼汁4小匙，鸡饭老抽酱油2小匙，化鸡油3大匙

·烹调制法·

1. 将鲜鲍鱼去壳处理干净；虾仁去虾线；水发海参切成大一字条；鹌鹑蛋煮熟去壳入油锅炸成虎皮蛋；鱿鱼去膜切成荔枝花刀块备用。
2. 将花菇涨发，冬笋、胡萝卜分别切成大一字条，西蓝花改刀切小块备用。
3. 将鲜鲍鱼、虾仁、水发海参、鹌鹑蛋、鱿鱼卷分别入沸水锅中汆一下水，去除杂味及油脂，用漏勺捞出沥水备用。
4. 将花菇、冬笋、胡萝卜、西蓝花分别入沸水锅中汆一水，用漏勺捞出沥水备用。
5. 炒锅上火，倒入化鸡油，中火烧至四成热，下蚝油、鲍鱼汁炒香后加入高级浓汤500毫升烧沸，放入步骤3的原料及花菇、冬笋小火烧5分钟。
6. 用川盐、味精、白糖、鸡饭老抽酱油调味上色，再用水淀粉入锅收汁出锅，点缀汆熟胡萝卜、西蓝花块成菜。

【大厨经验秘诀】

1. 虾仁可提前用鸡蛋液、淀粉、川盐码味上浆，这样成菜后口感更加嫩滑爽口。
2. 鱿鱼卷的花刀处理应均匀，改刀成块大小宜一致，这会给最后定形的菜品锦上添花。
3. 花菇涨发透以后，最好先用高汤煨软，可以进一步提升成菜口感的细腻度。
4. 此菜非常讲究高级浓汤的熬制、用量及浓稠度，浓汤的质量直接影响成菜质量。
5. 在烹制过程中应注意火候控制，由于浓汤有稠度，火力过大锅边容易焦，影响成菜口味。

▶ **菜品变化：浓汤野菌，浓汤娃娃菜，浓汤烩四宝**

78. 入口滋糯鲜香，味美咸鲜

红焖大甲鱼

味型：咸鲜味　**烹饪工艺：**红焖

鳖俗称甲鱼、水鱼、足鱼、团鱼、王八等，属于腥异味重的食材，因此烹调上除了火候、调味外，宰杀与腥异味的处理是成菜优劣的关键之一。从吃的角度来说，甲鱼除肉质鲜美、胶质丰富之外，还具有滋阴凉血、补益调中、补虚养肾的作用，加上产量一直不大，而被归类为中高档食材。

原料：理净大甲鱼（人工养殖）1200克，花菇200克，姜片100克，大葱段10克，高级浓汤1000毫升（见252页），高汤1000毫升（见252页），水淀粉75克

调味料：川盐1/4小匙，味精1/2小匙，白糖1/2小匙，鸡饭老抽酱油2小匙，蚝油2小匙，化鸡油3大匙

·烹调制法·

1. 将理净大甲鱼剁成长宽各约4厘米大小的块；花菇涨发透以后改刀切成3厘米见方的块备用。
2. 将甲鱼块入沸水锅中汆一水，用漏勺捞出后，脱掉甲鱼皮，去掉肉块上的油脂，冲洗干净备用；花菇改刀以后用高汤小火煨2小时，捞出沥水备用。
3. 炒锅倒入化鸡油，中火烧至五成热，下姜片、大葱段入锅爆香，加入甲鱼肉块、花菇煸炒约2分钟，加入高级浓汤烧沸，转小火加盖焖烧40分钟。
4. 用川盐、味精、白糖、鸡饭老抽酱油、蚝油调味上色，再用水淀粉收汁，夹出姜片、葱段后盛出即可。

【大厨经验秘诀】

1. 宰杀甲鱼必须事先放血，否则甲鱼血会呛入甲鱼肉中，而影响甲鱼肉的色泽新鲜度。
2. 烫甲鱼的水温应控制在80℃，温度过高甲鱼肉会烫得过熟老死，表皮不易脱掉，水温过低甲鱼皮未烫到位，也不容易脱掉。烫甲鱼的时间在1分钟以内，以甲鱼刚好脱皮为宜。
3. 甲鱼剁成大块以后，入沸水锅中汆一水，去除血膜，沸水锅中可以加白酒约15克以去除甲鱼的腥味。
4. 甲鱼汆水后，必须将甲鱼肉块上的油脂去除干净，否则甲鱼油会影响成菜后的滋糯感。
5. 甲鱼、花菇必须加入高级浓汤小火焖40分钟以上，成菜以后口感才鲜美、细腻。

▶ **菜品变化：红焖大鲵，酱焖鮰鱼，黄焖凤翅**

位于成都市中心的青石桥市场是城里最大的海河鲜水产市场。

79. 清香、甘甜、脆爽，吃法新奇

滚烤松茸

| 味型：豉油咸鲜味 | 烹饪工艺：烤

功夫菜的功夫不单单限于厨艺，对食材的了解与选用也是一门功夫，所以一个好的厨师其食材知识绝对要扎实，才能精用食材，将食材的优点充分发挥，同时避开缺点。这道菜品是季节性的菜品，选用每年七八月上市，产于海拔3000米高度以上的当季鲜松茸。烹调只需以简单的烧烤就能引出松茸入口脆爽，回味甘甜而清香的绝美滋味。

原料： 鲜松茸200克，植物黄油（乳玛琳）50克，青二荆条辣椒20克，大鹅卵石1个

调味料： 川盐1/4小匙，味精1/2小匙，蒸鱼豉油2小匙，辣鲜露2小匙，白糖1/2小匙

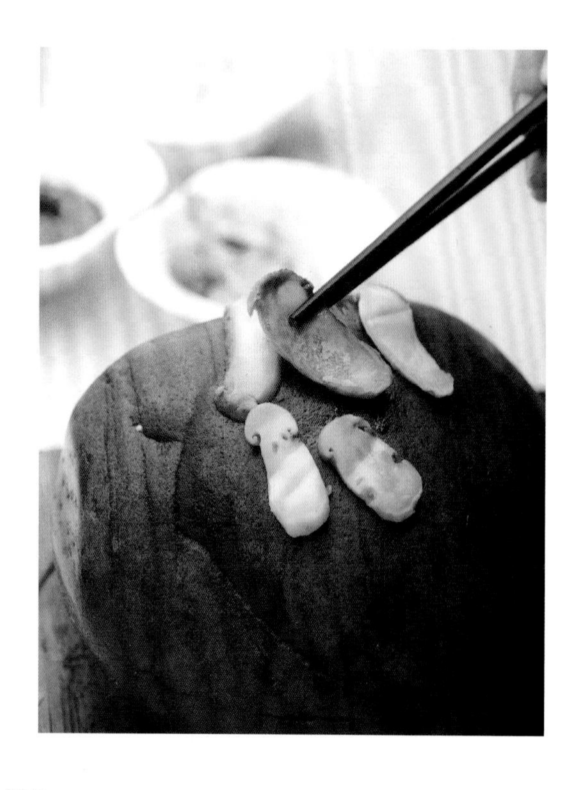

·烹调制法·

❶ 将鲜松茸用竹蔑块刮洗干净，再改刀成0.5厘米的厚片备用。

❷ 将青二荆条辣椒洗净切成宽0.1厘米的圈，调入川盐、味精、蒸鱼豉油、辣鲜露、白糖拌匀成味碟汁。

❸ 将大鹅卵石入烤箱内，上下火温控制在200℃烤30分钟，取出放置于耐热木板上。

❹ 将植物黄油抹匀在滚烫的石头上，放上鲜松茸，烤至两面鹅黄色，夹出蘸步骤2的青椒味碟汁食用即可。

【大厨经验秘诀】

❶ 此菜肴的松茸选用刚出土24小时以内的鲜松茸为上品。

❷ 松茸以菇盖呈球形状、结实、大小均匀的为上品，不能选用菇盖成伞状的松茸，这种松茸改刀后不易成形，影响成菜质量。

❸ 清洗松茸时最好选用竹器来刮洗，这样松茸表面不会发黑，也能保持其营养成分不被破坏，用刀刮洗松茸表面会发黑。

❹ 鹅卵石宜选表面光滑、平整、个头较大的，以方便烧烤，且热度能维持较长时间。石头必须入烤箱内恒温烤至热透；温度太烫松茸菌易烤煳变味，温度过低则松茸菌不易烤熟、烤香。

▶ **菜品变化：滚石烤鱼片，滚石烤火腿，滚石雪花牛肉**

80.

汤鲜味美，质嫩爽口

滋补甲鱼煲

味型：咸鲜味　**烹饪工艺：**炖

甲鱼入肝、脾经的滋补效果是被中医所认可的，因此做成药膳可说是顺理成章。此汤品主要的辅助药材是能补中益肺气的沙参和党参等。药膳虽偏重效果，但还是不能失去美味的特质，因而药膳的烹调对厨师的食材知识要求就更高了，只有正确的搭配才能起到食疗的效果，否则可能适得其反。

原料：理净大甲鱼（人工养殖）1200克，香菇100克，鲜山药500克，沙参100克，党参50克，当归20克，枸杞子10克，大枣30克，清鸡汤3000毫升（见252页）

调味料：川盐1/4小匙，味精1/2小匙，胡椒粉1/2小匙，化鸡油3大匙

·烹调制法·

1. 将理净大甲鱼去粗皮剁成4厘米见方的块，再入沸水锅中汆一水捞出，去除肉块上的油脂备用；沙参、党参、当归、枸杞子、大枣分别用温水浸泡涨发2小时备用。
2. 将香菇洗净对剖切成块，鲜山药去粗皮切成滚刀块备用。
3. 将甲鱼块加入干净的汤煲内，加沙参、党参、当归，再加入清鸡汤，大火烧沸转小火炖2小时，再加入香菇、山药炖1小时。
4. 用川盐、味精、胡椒粉、化鸡油调味，加入枸杞子、大枣烧开后出锅成菜。

【大厨经验秘诀】

1. 此菜必须将老母鸡用小火慢慢煲成清鸡汤，清鸡汤不能混浊，不能稠，必须保持清香，这是此菜美味、成功的关键一步。
2. 甲鱼的表皮、内脏、油脂、趾甲必须处理干净，否则其腥异味会影响成菜口感。
3. 此汤十分讲究火候，煲制的时间太短则清鸡汤自身的鲜香味炖不出来，会影响成菜滋味的鲜美感。
4. 煲甲鱼汤时，必须保持汤面微沸不腾，炖制时间必须在2小时以上，原料在砂锅中应炬而不烂，软而有形，入口离骨化渣。

▶ **菜品变化：清炖甲鱼，当归乌骨鸡，天麻乳鸽**

81. 汤色黄亮，味道鲜美

红明炉豆汤野菌

| **味型：** 咸鲜味　| **烹饪工艺：** 煮

原料： 鸡腿菇100克，杏鲍菇100克，松茸50克，菜心50克，西红柿1个，𤆵豌豆250克（见254页），高汤500毫升（见252页），姜25克，蒜25克

调味料： 川盐1/4小匙，味精1/2小匙，化鸡油3大匙

·烹调制法·

❶ 将鸡腿菇、杏鲍菇、松茸洗净后，分别切成0.3厘米厚的片，菜心择洗干净，西红柿切成0.3厘米的厚片，姜蒜拍破备用。

❷ 将鸡腿菇、杏鲍菇、松茸分别入沸水锅中汆一水，捞出沥水备用。

❸ 炒锅内加入化鸡油，中火烧至四成热，下姜蒜炒香，加入𤆵豌豆，中火炒至𤆵豌豆翻沙，加入高汤烧沸，熬约10分钟后，用漏勺捞出料渣不用。

❹ 将鸡腿菇、杏鲍菇、松茸片加入步骤3的𤆵豌豆汤中，煮约3分钟，用川盐、味精调味，再入菜心、西红柿煮熟，出锅成菜。

【大厨经验秘诀】

❶ 各种山珍菌类必须新鲜，最好用竹蔑或南瓜叶擦洗菌菇，不要用金属器具刮洗，以保持其营养成分不受破坏。

❷ 夏天的𤆵豌豆应低温冷藏，环境温度过高𤆵豌豆容易发酵变质、产生酸味而坏掉。

❸ 用化鸡油炒𤆵豌豆，主要是为增加香味和鲜味，另外化鸡油呈黄色，与𤆵豌豆的色泽相衬，可以使成菜的颜色更美观。

❹ 明炉上桌入菜，体现成菜烫热的温度，食用时更加鲜香。

❺ 𤆵豌豆入锅炒制时，因淀粉较多，火力不宜过大，否则锅边容易粘锅，产生焦味。

▶ **菜品变化：尖椒炒野菌，咖喱烧野菌，浓汤烩野菌**

豆汤乃四川人对𤆵豌豆熬制的汤品的美称！而𤆵豌豆是四川地区极具特色的食材，将干黄的豌豆涨发后蒸熟或煮熟至𤆵软即成。使用𤆵豌豆做的菜品多熬制成汤品或煮成半汤菜，汤色黄亮，豌豆香味独特浓郁，虽是清鲜，却是川菜中最让人想念的咸鲜味。一碗鲜美豆汤的关键功夫，在于整个烹调过程都能完整保留并突出𤆵豌豆的豆香。

成都府南河畔。

82. 汤清味鲜，质地细嫩，入口化渣

竹荪肝膏汤

| 味型：咸鲜味 | 烹饪工艺：蒸、煨

四川大邑古镇的刘氏庄园。

竹荪肝膏汤是川菜中又一食材简单、清鲜美味的功夫菜，其调味简单，选料及烹调功夫相对高，加上需现点现做，成菜才能汤清味鲜，质地细嫩，入口化渣，在今日餐饮市场上多需预订才吃得到。此菜选择山珍竹荪作为搭配，一是点出菜品的高雅，其次是竹荪色泽淡雅、口感软中带脆，与细嫩的肝膏搭配食用，给人优雅的感受，食材间的滋味被高级清汤串在一起，让人回味再三。

原料：黄沙猪肝400克，干竹荪5克，鸡蛋1个，高级清汤1000毫升（见252页）

调味料：川盐1/4小匙，味精1/4小匙

·烹调制法·

❶ 将猪肝洗净切成薄片，再用尖刀剁成细蓉泥状。干竹荪切成0.5厘米长的段，用温水浸泡备用。

❷ 将水发后的竹荪挤干水分，放入200毫升高级清汤内，上蒸笼大火蒸15分钟备用。

❸ 将猪肝蓉泥调入鸡蛋液、川盐、味精搅匀，再用冷的高级清汤200毫升调匀，用纱布滤汁入蒸碗内，料渣可另用。

❹ 将过滤后的猪肝汁入蒸笼内，中火蒸10分钟取出即成肝膏。

❺ 取一净锅，将600毫升高级清汤烧热舀入汤碗中，再将蒸好的肝膏拨入汤碗内，加入煨好的竹荪即成菜。

【大厨经验秘诀】

❶ 猪肝选用新鲜的黄沙肝，不能选用充血、颜色发暗的猪肝，否则影响成菜色泽。

❷ 因干竹荪含有硫磺等异味，因此需要提前、单独煨制入味，否则会影响成菜汤色和鲜味。

❸ 猪肝不能用搅拌机搅碎，用机器搅碎的猪肝中影响口感的组织过细无法过滤出来，使得成菜口感比较粗糙，用刀口剁成的蓉中，影响口感的组织相对粗，容易将汁与料渣分开，成菜口感就更细嫩。

❹ 猪肝汁的汤加得太少，肝膏成菜也会比较老，猪肝汁的汤加得过多，肝膏不易成形，且易碎。

❺ 猪肝汁调制好以后，上蒸笼的时候注意控制火力，火力过大肝膏易起蜂窝孔状，成菜口感较老，火力过小蒸制的时间较长，肝膏易上水，不易成形。

❻ 蒸猪肝汁的蒸碗内最好先垫上一层保鲜膜，方便肝膏成形以后取出，保持成菜形状的美观。

▶ **菜品变化：口蘑肝膏汤，松茸肝膏汤，羊肚菌肝膏汤**

83. 开水白菜

汤色清澈见底，味极鲜美，菜质鲜嫩

| **味型：**咸鲜味　| **烹饪工艺：**煮、蒸

原料：大白菜心2棵约50克，高级清汤500毫升（见252页）

调味料：川盐1/2小匙，胡椒粉1/4小匙

·烹调制法·

❶ 将大白菜心叶片修理整齐备用。

❷ 在干净炒锅内倒入纯净水至六分满，大火烧沸，下白菜心煮至断生后捞出，入纯净水中漂凉备用。

❸ 白菜心摆入蒸碗内，取200毫升高级清汤用川盐1/4小匙、胡椒粉调味后，浇入有白菜心的汤碗中，上笼蒸10分钟取出，沥去汤汁。

❹ 再将余下的高级清汤300毫升加热，以川盐1/4小匙调味后，浇入有白菜心的汤碗中内成菜。

【大厨经验秘诀】

❶ 大白菜应选用鲜嫩、表面无斑点的，将大白菜最外层叶片去掉，最里面的5～6层菜心叶片即为大白菜心，大白菜心要粗细均匀的，成菜较美观。

❷ 煮大白菜的水要多，火力要大，白菜心快速煮熟其色泽才黄亮、鲜嫩，不宜在锅中煮得过久，以刚断生为宜。

❸ 煮熟后的大白菜心捞出后，应迅速放入纯净水中漂凉，以免热气在菜心中焖的时间过久而使其色泽发暗。

❹ 先用清汤将漂凉的大白菜煨热，为的是去除白菜本身的生味，并让大白菜在成菜以后更加鲜香、细嫩。

❺ 高级清汤必须清如开水，汤汁中无任何的料渣沉淀物。

▶ **菜品变化：清汤鱼丸，鸡豆花，鸡蒙菜心**

邱二哥锅魁，是成都仅存的少数手工白面锅魁铺子，位于文殊坊旁的小区内。朴实无华的锅魁，咬一口满满的面香，勾起儿时的记忆。

餐饮业中流传着这样的说法，即表面看上去很普通、简单的传统菜，其实它的技术含量很高且讲究工艺流程，开水白菜就是其中之一。此处的开水并非我们理解的普通开水，而是烹饪行业对此种清汤的昵称，因汤色虽似开水般清澈，口味确是极鲜而醇。这清汤需大量的鲜鸡等各种食材，耗时6~8小时制成。一般都是大厨亲自熬制，确保成汤完美。在川菜厨房中有一传统，就是在制好的清汤中放一青葱以便和一般清水做区分。

84.

色泽黄亮，肉质细嫩爽口

蛋黄小米狮子头

味型：咸鲜味　**烹饪工艺：**炖、烩

原料：前夹肉600克，咸鸭蛋4个，小米100克，枸杞子2克，鸡蛋2个，淀粉50克，高汤500毫升（见254页），大白菜叶4张，瓢儿白（上海青）4棵，水淀粉3大匙

调味料：川盐1/2小匙，味精1/2小匙，胡椒粉1/2小匙，白糖1/2小匙，料酒1/2杯，化鸡油3大匙

成都市中心天府广场。

·烹调制法·

❶ 将猪前夹肉去皮用刀剁成细末，加川盐1/4小匙、胡椒粉、白糖、料酒、鸡蛋、淀粉、水约50毫升拌匀备用；瓢儿白摘洗后入沸水中汆至断生，捞出备用。

❷ 咸鸭蛋蒸熟后去壳，留鸭蛋黄备用；小米涨发后上蒸笼以大火蒸20分钟取出备用；枸杞子用温水浸泡备用。

❸ 干净炒锅内倒入水至六分满，大火烧沸后转小火保持微沸不腾，将猪肉末挤成8厘米大小的丸子，包入鸭蛋黄后放入锅中，盖上白菜叶，照此逐一制完。小火慢慢炖1小时即成狮子头的初胚，去掉大白菜叶不用，用漏勺捞出狮子头初胚盛入汤碗中，围上煮熟的瓢儿白。

❹ 洗净炒锅，倒入高汤以中火烧开，下入蒸熟后的小米搅匀，用川盐1/4小匙、味精调味，再用水淀粉勾芡收汁，淋入化鸡油搅匀，出锅淋在狮子头上，点缀枸杞子成菜。

【大厨经验秘诀】

❶ 前夹肉肥瘦比例各一半，肥肉过多则成菜显得油腻，瘦肉过多则狮子头成菜口感不够细嫩。

❷ 前夹肉去皮、洗净后最好用刀尖剁成细末，机器绞成的肉末容易破坏纤维组织及营养成分，影响成菜口感的鲜嫩度。

❸ 剁好的肉末在调味后，必须加入适量水，否则狮子头成菜口感发柴不嫩滑，但水加得太多则狮子头不成形，影响美观。

❹ 用大白菜叶盖在狮子头上慢炖，可以去除部分油腻，也增加白菜的清香。

❺ 狮子头生胚入锅后火力不宜过大，否则汤面沸腾易将其冲散，影响成形美观，小火慢炖肉质会更加细嫩、滑爽。

❻ 小米的粑软度应适中，成菜后小米应颗粒均匀、滋润、饱满，口感柔软适度。

▶ **菜品变化：小米捞辽参，小米扣虾球，小米什锦汇**

狮子头即是较大肉圆子，因形整而圆，是逢年过节爱吃的一道菜，寓意圆圆满满，也称四喜丸子，最著名的是淮扬菜中之清炖狮子头。而在川厨手中，狮子头的做法十分多样，有炸、煮、蒸等方式，口感各有不同；味型也多样，有红烧、清蒸、家常、鱼香、蟹黄等，都极具特色。

85\. 营养丰富，美容养颜、护肤，口感滑爽

养颜芦荟

味型：香甜果味 **烹饪工艺：**冰镇（泡）

芦荟是四川地区常见的植物，也是一种民间草药，可以外用也可以食用。芦荟肉厚并有丰富的黏液，口感滑嫩，爽口兼具一定食疗功效。经研究确认，芦荟含有一种独特的蛋白质，能增强体内免疫力，促进细胞再生、血液循环，起到由内而外的养颜效果。这道菜品做法简单，妙在巧思，让成菜在色泽、滋味与口感上独具风格。

原料：鲜芦荟500克

调味料：浓缩橙汁100克，白糖2大匙

·烹调制法·

1. 将鲜芦荟洗净，刮去外表粗皮，切成5厘米的长方薄片。
2. 将浓缩橙汁、白糖放入盆内搅匀。
3. 将切好的芦荟片泡入步骤2的浓缩橙汁内，放入保鲜冷藏柜里静置4小时以上，取出。
4. 将泡制入味、上色的芦荟捞出装盘成菜。

【大厨经验秘诀】

1. 应选用块大、肉厚、翠绿的新鲜芦荟。鲜芦荟的黏液较多，营养丰富，口感嫩滑。半成品的瓶装芦荟含有防腐剂、保鲜剂，且成菜绵软，口感较差。
2. 鲜芦荟的外表粗皮一定要去除干净，否则会影响成菜口感的嫩滑度，但芦荟黏液多而滑，用刀去外表粗皮时须小心，避免伤手。
3. 调味时，白糖须完全溶化于橙汁后才能加入芦荟。
4. 调味后的芦荟放入冰箱内冰镇处理，主要是增加成菜的爽口舒适度。

▶ **菜品变化：柠檬藕片，蓝莓山药，橙香木瓜**

86. 造型美观，质地细嫩，汤清味鲜

羊肚菌菊花盅

味型：咸鲜味　**烹饪工艺：**蒸

原料：干羊肚菌3个，日本豆腐3支，菜心3棵，高级清汤800毫升（见252页）

调味料：川盐1/4小匙，味精1/4小匙

·烹调制法·

❶ 将干羊肚菌用温水涨发2小时，捞出淘洗干净，再加入高级清汤200毫升在羊肚菌的碗中，上蒸笼大火蒸40分钟备用。

❷ 将日本豆腐切成6厘米长的段，在每段豆腐的一端下刀，留约1/4的豆腐段不切开，切成0.3厘米宽的丝，分别放入三个装200毫升高级清汤的碗中，散开成菊花状，上笼蒸20分钟备用。

❸ 将菜心修整成形后，入沸水锅中汆一水捞出，点缀在菊花豆腐上，再用川盐、味精调味，放入羊肚菌成菜。

【大厨经验秘诀】

❶ 干羊肚菌选个头大小均匀、菇盖较小的，必须先将羊肚菌根部的泥沙洗净，以免影响成菜口感。

❷ 羊肚菌先涨发再调味，用汤煨熟至入味，这样成菜后的羊肚菌口感才鲜美。

❸ 掌握菊花豆腐的运刀技法，将豆腐切成刷把状丝，必须切得均匀，根部不宜太长，否则豆腐丝状的花瓣入汤后散不成形。

❹ 高级清汤的质量决定这道菜的价值，高级清汤应清澈似水、咸鲜爽口。

▶ **菜品变化：银针豆腐羹，羊肚菌扒芦笋，豆汤捞羊肚菌**

功夫菜的形式特点为雅，清清爽爽的外形中要有让人惊喜的品尝体验，而此菜考验着厨师熬汤的功夫，也考验刀工。选用菌香味醇而雅的珍贵羊肚菌搭配新食材，搭配良好刀工处理、嫩香色黄的日本豆腐，分别用高级清汤煨入味。成菜后嫩香色黄的日本豆腐展开在鲜香的高级清汤中，如盛开的菊花，引诱你的味蕾。

87. 生烧什锦

荤素搭配合理，咸鲜淡雅

味型：咸鲜味　**烹饪工艺：**烧

原料：猪肚、猪心、猪舌各100克，酥肉180克（见255页），五花肉100克，肉丸子150克（见255页），鹌鹑蛋100克，水发鱿鱼100克，土公鸡肉50克，青笋50克，胡萝卜50克，冬笋50克，生姜块30克，大葱段50克，香菇30克，糖色150毫升（见255页）

调味料：川盐1/2小匙，味精1/2小匙，白糖1/2小匙，胡椒粉1/2小匙，色拉油适量

·烹调制法·

❶ 将猪肚、猪心、猪舌分别入沸水锅中汆一水，捞出刮洗干净，再分别切成大一字条状；五花肉去皮切成薄片；水发鱿鱼去筋膜，切成十字花刀的鱿鱼卷备用。

❷ 土公鸡肉切成小一字条状；青笋、胡萝卜、冬笋分别切成小一字条；香菇洗净后切成小块。

❸ 鹌鹑蛋煮熟后去壳，入六成热的油锅中炸出虎皮状，出锅沥油备用。

❹ 取适当大小的汤锅，将猪肚、猪心、猪舌、五花肉片、鹌鹑蛋、土公鸡肉条、酥肉、肉丸子、生姜块、大葱段放入锅中，加水至超出原料高度5厘米的水量，调入糖色，大火烧沸转小火，慢炖1小时至熟透入味出香。

❺ 将青笋、胡萝卜、冬笋、香菇入锅内烧5分钟至断生，用川盐、味精、白糖、胡椒粉调味，最后放入鱿鱼卷烧约3分钟至熟透入味，出锅成菜。

【大厨经验秘诀】

❶ 川西平原的烧什锦不能缺少猪肚、猪心、猪舌三种原料。

❷ 荤菜原料改刀成条状，小火慢慢烧出肉香味后，再加入素菜原料，必须保持蔬菜原料本身的颜色与鲜爽。

❸ 鱿鱼花刀纹路宜均匀，块不宜大，应先入沸水锅中汆一水去除碱味和海腥味后，最后再加入一起烧制成菜。

❹ 荤料烧沸后应打去汤面的油沫，等素料入锅烧沸以后，再次打尽汤面的浮沫，以免成菜色泽发黑。

▶ **菜品变化：烧三鲜，大蒜烧肚条，冬瓜烧丸子**

什锦菜特点在于食材多样烩于一锅，在传统上寓意着一家老少团聚和乐。在川西坝子，每年春节，家家户户都要烧个什锦菜，除了美好寓意外，什锦菜便于烹制，也适合人多的团圆节日。生烧什锦内容丰富，五颜六色，荤素搭配均匀，咸鲜清淡爽口，老少皆宜，家家户户都有自己的家传美味配方与调味方式！

山城重庆的美丽夜景。

88. 汤鲜味美，老少皆宜，营养丰富

水蜂子煲粥

| **味型：**咸鲜味　| **烹饪工艺：**煲

大渡河在甘孜州炉定县的河段。

原料：水蜂子500克（约10尾），生姜20克，大葱段30克，泰国香米250克，糯米100克，芹菜段50克，泡豇豆末50克，小葱葱花30克，纯净水1500毫升

调味料：川盐1/4小匙，味精1/2小匙，化猪油1/3杯

·烹调制法·

❶ 将水蜂子宰杀，去内脏冲洗干净备用；生姜拍破备用。

❷ 在干净的炒锅内加入化猪油，大火烧至五成热，下生姜、大葱段，再放水蜂子入锅煎香，加入纯净水大火烧沸，熬煮15分钟后出锅沥去料渣，留汤备用。

❸ 将泰国香米、糯米混合，淘洗干净沥水备用。

❹ 将淘洗后的香米、糯米入砂锅内，加入步骤2的水蜂子及汤，先上大火烧沸，转小火熬60分钟。

❺ 用川盐、味精、芹菜段、泡豇豆末、葱花调味后即可食用。

❻ 可多备数尾水蜂子，理净后入姜蒜水汆熟，于粥熬好前5分钟入锅，成菜更丰富美观。

【大厨经验秘诀】

❶ 水蜂子宰杀时要当心刺伤手部，其毒性会导致疼痛；将其苦胆去净，否则影响粥的质量。

❷ 水蜂子入锅煎的目的是去腥味，且增加蛋白质的浓度，使汤色更白更稠。

❸ 水蜂子熬汤时必须一直使用大火，成菜后汤色才会白、稠，否则汤清味也不鲜香。

❹ 汤熬好后必须将汤中料渣捞尽，否则会影响粥的质感。

❺ 煲粥时应大火煮沸，再转成小火，一直使用大火鱼汤干得快，影响粥的质量；煲粥最忌中途添加汤料，否则米和汤汁容易分家，影响鲜味与口感。

▶ **菜品变化：水蜂子煲野菌，黄腊丁煲鲜苦笋，胖头鱼煲莼菜**

粥品细滑易食用，食材搭配简易多元，是极具养生效果的佳肴。这里选用淡水鱼中的珍品——肉质细嫩的水蜂子，主产于长江上游金沙江及岷江水域之中，因背鳍的刺尖有毒，刺伤后会如蜂螫般肿痛，俗名水蜂子就是因此而来。这里将水蜂子煎香再煮成鱼汤，再取汤煮成粥，营养丰富而鲜香。

89. 入口滑脆清香，咸鲜味美

菜心爆虾球

味型： 咸鲜味　**烹饪工艺：** 滑、爆

原料：理净青虾仁200克，菜心梗150克，胡萝卜50克，鸡蛋1个，淀粉50克，姜片3克，蒜片3克，大葱粒10克，水淀粉20克，陈村枧水（食用碱水的一种）10毫升

调味料：川盐1/2小匙，味精1/2小匙，白糖1/4小匙，胡椒粉1/2小匙，葱油3大匙

·烹调制法·

❶ 将青虾仁去沙线，在虾肉背部剖一刀，用陈村枧水浸泡腌制30分钟，入清水中淘洗干净，挤干水分；菜心去叶留梗，切成1厘米见方的小丁；胡萝卜修成小花刀片备用。

❷ 将青虾仁放入盆内，调入川盐1/4小匙、鸡蛋清、淀粉搅打上劲后备用。

❸ 炒锅置于火上，入水至六分满，大火烧沸，分别将菜心梗、胡萝卜入沸水锅汆一水，捞出冲凉备用。

❹ 洗净炒锅，入色拉油至六分满，大火烧至三成热，下青虾仁至油锅中滑熟，捞出沥油备用。

❺ 余油留做他用，炒锅洗净重新置于火上，倒入葱油大火烧至四成热，下姜片、蒜片、大葱粒爆香，再放入菜心梗、滑熟的虾仁、胡萝卜炒匀，用川盐1/4小匙、味精、白糖、胡椒粉、水淀粉调味收汁，炒匀出锅成菜。

【大厨经验秘诀】

❶ 虾仁以个头大小均匀、饱满、弹性好的为上品。

❷ 虾仁必须将沙线去除干净，否则影响成菜口感；要想虾仁成菜口感滑脆爽口，也可提前用陈村枧水涨发透，因枧水含有碱味，故在腌渍码味前必须冲净，否则影响成菜口感及滋味。

❸ 掌握虾仁入油锅的滑炒温度，油温控制在90～100℃为宜，油温高虾仁入油锅易结团，影响虾仁的成形及口感嫩度，油温过低虾仁入锅易脱浆，影响虾仁成菜的光洁度和嫩度。

❹ 因菜心梗在高温的情况下易出水，故不宜在锅中爆炒太久，否则成菜汤汁过多不够清爽。

❺ 最后加入薄的水淀粉，能让虾仁成菜更光亮、细嫩、滋润。

▶ **菜品变化：芥蓝爆虾球，白果炒菜心，菜心爆爽肉**

处于内地的四川也有河虾，但河虾多半体形小，烹煮方式受限。个头大的虾是沿海常见的食材，食用方法繁多。内地市场可买到的海虾有活虾、冻虾、虾干制品、速冻虾仁等不同形态，当然以鲜活虾肉的口感滋味最佳。此菜借鉴粤菜处理虾仁的手法，成菜后虾仁饱满、口感脆嫩。

每年的三四月是成都龙泉驿的桃花节，满山桃花让人仿佛入了“桃花源”中。

90. 白果炖鸡

汤色黄亮，汤清而鲜香，肉质细嫩化渣

味型：咸鲜味 **烹饪工艺：**炖

白果即银杏树秋季所结的果实，学名银杏，有良好的医用效果和食疗作用。在江苏、广西、四川、河南、湖北等地均有出产。四川的白果以青城山的为佳品，果实饱满，黄亮体透。将白果与鸡一起炖煮成菜，不只美味更具温和的食疗效果，在第十二届厨师节的“白鸡宴”厨艺竞赛中，“白果炖鸡”获得金奖。

原料：理净剑阁老母鸡800克，去心、皮的鲜白果仁200克，生鲜鸡油200克，纯净水2000毫升

调味料：川盐1/4小匙，味精1/2小匙，胡椒粉1/2 小匙

成都市的市树——银杏树。

·烹调制法·

1. 将理净剑阁老母鸡两只大腿骨各敲一刀至骨断皮肉相连，剪去脚趾甲，把鸡脚盘入鸡腹腔内，入沸水锅中氽透捞出，冲洗干净备用。
2. 将氽水后的老母鸡放入电炖锅内，加生鲜鸡油、川盐、味精、胡椒粉调味，再加入纯净水至八分满，高温火力炖3小时。
3. 将鲜白果仁加入电炖锅内，再用高温火力炖1小时，转成中等火力再炖1小时，去掉化成鸡油后的油渣即成菜。

【大厨经验秘诀】

1. 四川剑阁县处于川北山区，污染少，环境好，山清水秀，到处都能见到放养的跑山鸡。炖鸡最好选用母鸡，18个月以内的为上品，肉嫩而结实并富有弹性，鸡胸肉小而紧，鸡腿肉厚而坚实。
2. 若买的是带硬壳的白果，量小可以直接敲破外表硬壳，撕掉表面的粗皮。如果量大可把白果敲破外表硬壳，入五成热的油锅中炸1分钟左右，待粗皮漂浮于油面，捞出粗皮不用，再用温水浸漂冲尽油渍。白果仁冲洗干净后去除其心再入锅炖，因果心带有毒性，大量食用后有中毒之虞，且影响汤的鲜味。
3. 鸡先炖至七成熟后，再放入白果仁一起炖，成菜以后白果仁才成形，口味清香，炖得太久白果易碎而影响质量。
4. 加生鲜鸡油的目的一是增加鸡香味，二是添加成菜色泽，使其更黄亮，三是鸡油在汤面可以起到保温的效果。
5. 老师傅传下一句话说：炖1~2小时的是水，4~6小时的才叫汤。所以滋味足的鸡汤绝对需要炖足时间，鸡肉的营养成分才会释放到汤中，喝在嘴里才有鲜味。

▶ **菜品变化：银杏炖乳鸽，白果扒菜心，白果甲鱼煲**

91. 鱼头滑嫩，汤色乳白，鲜香适口

山菌炖大鱼头

| 味型：咸鲜味　| 烹饪工艺：煎、炖

四川盆地四周被高山环绕，有多条江河穿盆地而过，因此不论是山珍还是水产河鲜都极为丰富，所以川菜用山珍、河鲜搭配的菜品相对多样，对滋味的掌握也是浓厚、清鲜、麻辣都有。这里以咸鲜味来呈现河鲜配上山珍的绝妙滋味，选用高蛋白、低脂肪、低胆固醇、胶质丰富的大花鲢鱼头加上多种菌菇，鲜香美味还有益于心血管系统，更能润泽皮肤。

原料：胖鱼头1个约1.5千克，鸡腿菇200克，杏鲍菇200克，松茸菌200克，姜片50克，大葱段100克，芹菜末50克，小葱葱花50克，高汤3000毫升（见252页）

调味料：川盐1/2小匙，味精1/2小匙，胡椒粉1/2小匙，化猪油100毫升

·烹调制法·

❶ 将鱼头剁成约4厘米见方的块后冲洗干净，鸡腿菇、杏鲍菇、松茸菌分别洗净后切成0.3厘米的厚片备用。

❷ 锅内倒入水至六分满，大火烧沸，下鸡腿菇、杏鲍菇、松茸菌煮沸，捞出沥水备用。

❸ 保持大火水沸，下鱼头块入锅氽一水，去除浮沫，捞出沥水备用。

❹ 洗净炒锅重新上火，倒入化猪油，大火烧至五成热，下生姜片、大葱段爆香，放入鱼头煎至熟黄而香，加入高汤大火煮10分钟，再加入鸡腿菇、杏鲍菇、松茸菌炖10分钟。

❺ 用川盐、味精、胡椒粉调味，将炖好的鱼头汤出锅盛入有芹菜末、葱花的汤碗内成菜。

【大厨经验秘诀】

❶ 最好选用不带鱼肉的、新鲜现宰杀的花鲢净鱼头。

❷ 鱼头的块适宜剁成大块，鱼块太小在锅中容易炖煮碎，骨与鱼肉容易脱落分开，影响成形美观。

❸ 鱼头氽水的目的主要是去除鱼腥味和血泡沫，让成菜汤色更洁白。

❹ 鱼头如果不煎至熟黄，鱼头骨里的胶原蛋白就不容易完全释放于汤中，成菜汤色难有如牛奶般的稠度与颜色。

❺ 山菌最好选用白色菌类，黑色菌类成菜后容易影响汤的色泽。

▶ **菜品变化：豆腐木耳鱼头汤，莼菜鱼头汤，野菌鲫鱼汤**

92. 咸鲜淡爽，清香可口

小米青菜钵

味型： 咸鲜味　**烹饪工艺：** 煮、烩

蔬菜类的原料大多以炒、白灼、上汤的烹调方式成菜，此道菜借鉴中餐烹饪工艺中羹汤菜的手法，将小米、糯玉米与碧绿的菜心一同烹煮成菜，清香可口，咸鲜素雅，十分养胃，尤其适合肠胃消化功能欠佳者，是老幼皆宜的保健蔬食，在酒宴之间来一碗养胃爽身！

原料： 带叶菜心300克，小米20克，糯玉米粒20克，化鸡油30毫升，水800毫升，水淀粉50克

调味料： 川盐1/4小匙，味精1/2小匙

·烹调制法·

1. 将菜心择洗处理干净，切成约0.3厘米的碎粒。
2. 汤锅置于火上，放入水，再下小米、糯玉米粒煮沸，转小火煮约20分钟至熟透备用。
3. 另取炒锅，入水至八分满，大火烧沸，放入菜心碎汆一水，捞出沥水后，放入步骤2的小米汤锅中搅匀。
4. 用川盐、味精调味，再用水淀粉收汁，放入化鸡油搅均匀成菜。

【大厨经验秘诀】

1. 菜心以大小均匀、无黄叶，翠绿、新鲜的为上品。
2. 菜心的刀工处理宜均匀，汆煮时间不宜过久，否则影响成菜色泽，汆透主要是去除菜心的涩味，使成菜更清香。
3. 小米和玉米粒可以提前蒸制或煮制成半成品，提高成菜的速度。
4. 用淀粉收汁要浓稠度适中，成菜过稀显得菜心太少，成菜过稠显得菜心太干，不方便食用。
5. 化鸡油切记不可过量，鸡油主要起滋润增香的作用，太多则显得油腻。

▶ **菜品变化：浓汤小米羹，宝塔菜心，乌鱼片菜心**

93. 排骨细嫩化渣，汤鲜香爽口

带丝扣酥排

味型：咸鲜味 **烹饪工艺：**炸、蒸

原料：猪肋排200克，鸡蛋1个，红薯淀粉100克，盐渍海带丝100克，干黄花（干金针花）50克，生姜末20克，小葱葱花20克，干红花椒20粒，高汤500毫升（见252页）

调味料：川盐1/2小匙，味精1/2小匙，醋2小匙，料酒1/2杯，胡椒粉1/2小匙，色拉油适量

·烹调制法·

❶ 将猪肋排剁成1厘米长的小段，用流水冲净血水，捞出沥干水分，加入川盐1/4小匙、花椒粒、料酒、蛋清、红薯淀粉码味上浆后备用。

❷ 将盐渍海带丝切成10厘米长的段，用水浸泡去除多余盐分；干黄花用温水浸泡涨发后去除花蕊备用。

❸ 将海带丝、干黄花，放入沸水锅中汆一水，出锅垫于碗底。

❹ 炒锅放火上，倒入色拉油至六分满，大火烧至五成热转小火，将排骨放入油锅内炸成外酥里嫩的酥排，出锅沥油后放置于步骤3的碗内。

❺ 将高汤用姜末、川盐1/4小匙、味精、醋、胡椒粉调味后，浇入排骨碗中，上蒸笼大火旺汽蒸40分钟取出，点缀葱花成菜。

【大厨经验秘诀】

❶ 排骨的肉不宜过多，刀工处理的段不宜过长，否则成菜的形状太大，影响成菜美观，也不方便食用。

❷ 排骨码味前冲水主要是去腥，其次是防止血水使酥排发黑。

❸ 炸酥排的油温宜控制在160℃左右，先炸上色再小火浸炸熟，必须炸酥香，否则成菜的香味和色泽不足，但最忌以大火高油温将排骨炸焦变黑，完全无法成菜。

❹ 将汤调味后浇入酥排骨内一起蒸，成菜汤味更加鲜香。要控制入笼蒸制的时间，蒸久了排骨表面的淀粉糊易脱落，影响口感和形状，时间未蒸够香味出不来，排骨口感不佳，食用不便。

▶ **菜品变化：蒸酥肉，坨坨肉，粉蒸排骨**

酥排以猪排骨制成，即将猪排骨砍成小块，再用鸡蛋、红薯淀粉、花椒等码味上浆后，入油锅内炸制而成。这种排骨酥肉外酥里嫩，入口酥香，让人回想起20世纪80年代的九大碗，那时的蒸酥肉可是美好生活的一种象征。传统九大碗的宴席菜品中，受限于烹调设备并为了提高出菜速度，多以蒸的烹调技法成菜。现今老菜新做，以海带丝入菜，在新滋味中吃出老味道。

在古镇里穿梭，卖叮叮糖的大爷。

94. 色泽金黄，原滋原味，香甜爽口

松茸老南瓜

味型：香甜味　**烹饪工艺：**蒸、淋

老南瓜滋味甜香松软，是常见的受欢迎的食材，做法繁多，然单独成菜很难体现南瓜的价值。此菜通过粗中有细的烹调技法、摆盘，与菌中之王松茸一起成菜，松茸菌香味融入老南瓜的甜香，在原味中尝到超越原味的好滋味。对食材的了解加上绝妙的搭配，常能让寻常的菜品摇身一变，成为色香味俱全的高雅菜品。

原料：老南瓜500克，鲜松茸50克，水淀粉3大匙，鲜百合2瓣，高汤500毫升（见252页）

调味料：白糖2大匙

·烹调制法·

❶ 将老南瓜去外表粗皮、瓜瓤，修整成长5厘米、宽8厘米、厚2厘米的长方块；鲜松茸洗净切成0.5厘米的厚片。

❷ 将老南瓜的边角余料上笼蒸30分钟至熟烂取出，连汤汁一起入搅拌机中打成蓉泥状，加糖煮沸后打去浮沫，用水淀粉收汁均匀即为老南瓜汁，备用。

❸ 将切成形的南瓜片放入平盘内，上笼大火蒸20分钟取出；鲜松茸片置于碗中调入高汤，上笼蒸30分钟取出，置于蒸透的盘中南瓜上，淋上老南瓜汁，放上鲜百合瓣成菜。

【大厨经验秘诀】

❶ 老南瓜以表皮、瓜肉均呈金黄色、甜味足的为上品。

❷ 刀工处理后的老南瓜大小、厚薄均匀，才能达到成菜精致美观的效果。

❸ 南瓜一定要蒸熟蒸𤆵，同时保持刀工处理的形状完整。蒸的时间过久，南瓜肉太软不易成形，口感不好，蒸的时间过短，南瓜肉不𤆵，达不到成菜的特点口感。

❹ 松茸选指拇大小、结实、新鲜的为宜，洗净改刀后用高汤煨熟至入味，保持成菜口感脆爽、新鲜。

❺ 南瓜蓉勾芡时，不宜过稠，汁太稠影响食用口感，汁太稀松茸和南瓜肉上无光泽，显得水分过重，无法体现南瓜本身的鲜甜味。白糖只是起辅助味的作用，忌使用过多。

▶ **菜品变化：松茸炖鸡，干锅松茸，老南瓜焗鲍鱼**

95.

鱼丸嫩滑化渣，白菜脆嫩清香

鱼丸娃娃菜

味型：咸鲜味　**烹饪工艺：**煮

用鱼肉蓉调味后制作而成的丸子就是鱼丸，好的鱼丸洁白嫩滑、鲜香宜人。此菜运用开水白菜的汤做底，将制熟的鱼丸镶嵌入煮熟的娃娃菜四周，彰显娃娃菜的鲜嫩、黄亮。成菜后鱼丸的细嫩化渣与白菜的脆嫩、爽口相呼应，清香、鲜香完美呈现。

原料：理净鱼肉500克，肥膘肉300克，娃娃菜3棵，淀粉20克，鸡蛋2个（只用鸡蛋清），水100毫升，清鸡汤500毫升（见252页）

调味料：川盐1/2小匙，味精1/2小匙

·烹调制法·

❶ 去掉娃娃菜外表黄叶，择洗干净，改刀成六牙瓣；取净鱼肉、肥膘肉洗净，混合在一起剁成蓉状。

❷ 将鱼肉蓉入盆，调入川盐1/4小匙、味精1/4小匙、鸡蛋清、水、淀粉搅散至均匀上劲成鱼泥备用。

❸ 娃娃菜放入锅内，加入清鸡汤烧沸，转小火慢烧，用川盐1/4小匙、味精1/4小匙调味后保温待用。

❹ 锅入水至六分满，大火烧沸转成小火，保持水面微沸，将鱼泥挤成直径约3.5厘米的鱼丸入锅内，逐一将鱼泥挤完，待鱼丸入锅8分钟后即熟。

❺ 娃娃菜出锅盛入汤碗中，四周围上鱼丸成菜。

【大厨经验秘诀】

❶ 娃娃菜必须将外表枯黄、色泽不正的叶片去掉，改刀要大小均匀，才能保持成菜美观精致。

❷ 掌握鱼肉与肥膘肉的搭配比例，是鱼丸成形质量的关键之一。

❸ 鱼肉和肥膘肉的刀工需处理至呈蓉泥状，无肉颗粒、油膜、刺等，否则会影响成菜的形状和质地、口感。

❹ 汤水火力大小应控制在微沸不腾，否则娃娃菜和鱼丸生胚入锅，沸腾的汤水会将其冲散，影响成形美观。

▶ **菜品变化：菜心烩鱼丸，鱼香鱼丸，清汤鱼丸**

96.

洁白似雪，形似棉花，绵韧而不老，清香爽口

鸡丝豆花

| **味型：**咸鲜味 | **烹饪工艺：**煮、蘸

原料：干黄豆500克，盐卤15克，水5000毫升，盐焗鸡200克（见255页），清鸡汤500毫升（见252页），小葱葱花10克，香辣酱50克，花椒粉1克，蒜末10克，熟油辣椒10克（见253页）

调味料：川盐1/4小匙，味精1/2小匙，酱油2小匙

·烹调制法·

❶ 将干黄豆入盆内，加3倍的水量浸泡10个小时至完全涨发，淘洗干净，沥水后搭配5000毫升水用磨浆机磨成豆浆备用。盐卤用水稀释浓度到不涩口，备用。

❷ 将豆浆入锅内中火烧沸，转成小火保温。

❸ 用大汤勺舀少许盐卤水，以画圆的方式慢慢地在豆浆上层浇入，让盐卤水保持稳定而少量地搅入豆浆内，此时可以看到豆浆慢慢凝结成棉絮状。

❹ 在豆浆混浊未完全凝结时，重复步骤3的动作，直到豆浆都凝结成棉絮状，汤汁变得清澈即可。盐卤水不一定要用完！

❺ 取竹筛或大漏勺轻轻从锅边将棉絮状豆花往锅中间压制收紧成形，以小火持续保温20分钟后即成川式豆花，舀入小汤碗内备用。

❻ 将盐焗鸡去大骨后切成二粗丝，放入清鸡汤内烧沸，用川盐、味精调味，倒入豆花碗中。

❼ 将香辣酱、花椒粉、蒜末、熟油辣椒、酱油调匀后装入味碟，放上葱花，配上鸡丝豆花成菜。

在四川，许多县城里的小馆子天天自己点制豆腐。

【大厨经验秘诀】

❶ 黄豆必须完全涨发，豆浆的浓度才高，出品的豆花才会多，如果黄豆未涨发，磨出的豆浆较稀，产出的豆花会少一些。

❷ 凝固剂可以用洄水（又称盐卤水）、石膏和内酯。传统四川豆花的凝固剂以洄水为主，洄水必须用清水稀释成不涩口的剂量，浓度过大制成的豆花量少并且不嫩。

❸ 清鸡汤必须先炖好，汤汁清澈鲜香，汤色黄亮鲜明，成菜以后豆花才会更加鲜美。

❹ 吃豆花主要靠蘸水，就是味碟的味道，熟油辣椒的香、香辣酱的醇厚，刚好能衬托豆花的清香。

❺ 豆花凝固后，必须用竹筛或纱布压榨收紧成形，豆花绵软有形，食用时用筷子才夹得起来，否则易碎。

❻ 没有盐焗鸡肉时可用白煮鸡肉替代。

▶ **菜品变化：包浆豆花，牛肉豆花，豆花鱼**

在四川，豆花的吃法多样，可单吃，或入菜或入面食，酸、甜、麻、辣、咸，什么味都有。川人最为钟情的是洄水豆花，虽然也可用石膏卤点豆花，然洄水豆花绵而不老，嫩而不溏，洁白如雪，清香而悠长。鸡丝豆花是家常菜的升级版，用鸡丝、清鸡汤大幅提升豆花的鲜美。四川以豆花闻名的地方有自贡的富顺豆花和重庆的河水豆花。

97. 花菇炖萝卜

入口清香味美，质嫩淡雅

| 味型：咸鲜味 | 烹饪工艺：蒸

在四川，有句流传的饮食保健谚语：冬吃萝卜夏吃姜，不用医生开药方。说明萝卜这一大众食材对健康的好处，川人也爱吃萝卜，因此从小餐馆到大酒楼都吃得到萝卜做的菜品。萝卜要煮得好吃，关键在于透而形整，这透有多重意思，一是熟透，嫩爽不烂；二是入味透，才能食之有味；三是萝卜清香要透出来。这里搭配益味助食的花菇做成半汤菜，萝卜清香气变得更有层次，汤汁更加鲜甜。

农村田霸头里成片的油菜花海。

原料： 花菇150克，白萝卜1000克，生姜20克，大葱段30克，猪棒骨300克

调味料： 川盐1/2小匙，味精1/2小匙，胡椒粉1/2小匙

·烹调制法·

❶ 将花菇用温水浸泡6小时，淘洗干净，改刀成3厘米见方的块备用；白萝卜去外表粗皮切成0.5厘米厚的圆片；生姜洗净拍破，猪棒骨敲断成两节备用。

❷ 锅内入水至五分满，大火烧沸，放入猪棒骨汆熟，撇除血沫，捞出沥水备用；花菇入沸水锅中汆水捞出沥水备用。

❸ 汤锅加入水2500毫升，水位约在六分满处，下汆水后的猪棒骨、生姜块、大葱段，大火烧沸，转小火炖2小时，再放入白萝卜片、花菇块炖40分钟。

❹ 用川盐、味精、胡椒调味搅匀，再炖20分钟，去净浮沫后成菜。

【大厨经验秘诀】

❶ 白萝卜选用粗细均匀、长短一致的象牙白萝卜，粗细长短均匀的萝卜比奇形怪状的萝卜产生的废料少一些，可降低食材成本，成菜形态也更精致美观。

❷ 花菇选用自然烘干的，汤味更鲜，切勿选用硫磺熏制过的花菇，否则成菜会有异味。

❸ 此菜应将猪棒骨的汤味炖好后，再入花菇、白萝卜同炖，如果过早加入，成菜后的白萝卜和花菇的味就不会鲜美。

❹ 炖汤时以猪棒骨的肉能轻易脱落下来为宜，白萝卜和花菇不宜在汤里炖得过久，否则成菜就没有白萝卜的清香回甜味，以白萝卜刚熟透、无生萝卜味即可。

❺ 炖汤时最好用砂锅，成菜会比铁锅炖出来的味道鲜美。

▶ **菜品变化：萝卜炖牛腩，花菇炖老鸭，上汤白萝卜丝**

98.

色泽棕红光亮，入口香甜而细嫩

蜜汁毛芋儿

| **味型：**香甜味　| **烹饪工艺：**压

毛芋儿是一种小芋头，个头小巧。川人喜爱吃细嫩而口感幽香的芋头，大颗芋头在市场上少见，因此川菜中只要是芋头做的菜品，多半是用毛芋儿。这里也不例外，且更充分展现出毛芋儿的特点，因为小巧，削皮后略修即成可爱的圆球状；质感绵实的毛芋儿，十分适合熬煮成菜，不会碎烂不成形，调制的蜜汁可以完全熬煮入味。成菜后香甜味浓郁、层次感丰富、口感细嫩，是绝佳的餐间甜菜。

原料：小芋头500克

调味料：麦芽糖300克，冰糖300克，白糖200克，蜂蜜300克，水200毫升

·烹调制法·

❶ 将小芋头外层的毛茸洗净，用削皮刀削去粗皮，再逐一将芋头修成均匀的圆球状备用。

❷ 将麦芽糖、白糖、冰糖、蜂蜜、水下入高压锅内，以中火熬化成糖浆。

❸ 芋头也放入高压锅内，盖上锅盖，用中火压煮8分钟后离火，静置一下，待锅内压力完全释放时打开锅盖，捞出装盘成菜。

【大厨经验秘诀】

❶ 芋头要新鲜、无长嫩芽、大小均匀才能保证出菜的精致与美观。

❷ 芋头去外层粗皮时，应当削干净，必须削成圆球状，成菜后才光滑。

❸ 削干净后的芋头应无斑点、污垢、表面须洁白才能烹制。

❹ 掌握糖浆的调制比例是关键。麦芽糖过多成菜容易形成拔丝状；冰糖、白糖过多成菜会很甜，显得有些腻；蜂蜜太少成菜香甜味不够醇正；水太多糖浆浓度不够，成菜成形会不够滋润，且汤水过多显得不利索，水太少糖浆的浓度高，成菜呈拔丝状，芋儿不易装盘。

❺ 火力需控制得当，火力过大易压焦变味，火力过小糖浆收不干，成菜色泽太白不好看；压制时间太长，糖浆易干而影响质量，压制时间太短，芋头不熟不绵软，成菜的色泽也不够棕红。

▶ **菜品变化：蜜汁地瓜，蜜汁金瓜，蜜汁山药**

99.

芙蓉蛋色黄细嫩，红花蟹肉质鲜美

芙蓉红花蟹

| **味型：** 咸鲜味　| **烹饪工艺：** 蒸、淋

川菜菜名里的芙蓉一词多是指蒸蛋，成菜大方，荤素皆可搭配，只要搭上海味的鱼蟹食材，就成了大菜，因而此系列菜品常成为宴席菜。这里用的红花蟹就是海蟹的一种，身体呈喜气的红色，有深色花纹，且肉质清甜、味道十分鲜美，整体饱满丰厚。芙蓉菜要好吃关键在于制作芙蓉的蛋液比例与蒸制的功夫，做对了细嫩鲜美，一有失误不是凝结不住，就是起泡变老。

原料： 红花蟹1只，鸡蛋3个，淀粉10克，红腰豆15克，熟玉米粒15克，青豆15克，香菇15克，高汤400毫升（见252页）

调味料： 川盐1/4小匙，味精1/2小匙，化猪油3大匙，水淀粉2大匙

·烹调制法·

1. 将红花蟹宰杀处理干净，剥开上壳保持完整，其余剁成6小块，摆入盘中还原成蟹形备用；香菇切成青豆大小的丁备用。
2. 将鸡蛋打入碗内，加高汤300毫升、川盐、味精、淀粉搅均匀，将蛋液浇入蟹盘内，上蒸笼以中火蒸10分钟取出。
3. 锅内入水至五分满，大火烧沸，将红腰豆、熟玉米粒、青豆、香菇入沸水锅中煮熟，捞出沥水。
4. 锅洗净后，加化猪油烧热，倒入剩下的高汤100毫升，下步骤3的食材烧沸，用川盐、味精调味，再用水淀粉收汁，淋入蟹中成菜。

【大厨经验秘诀】

1. 控制芙蓉嫩蛋中水与鸡蛋的比例，水加的过多嫩蛋凝固不紧；水加得太少，嫩蛋会变老，影响口感。
2. 火力过大过猛，蒸制的芙蓉嫩蛋容易起泡成蜂窝孔状，表面不平整光滑，影响成菜质量。
3. 红花蟹蒸的时间太久，会使蟹肉不够鲜美细嫩。
4. 最后勾芡时不宜过稠，以二流芡最为合适，水淀粉加入的量太多则成菜的汁多过稠，影响成菜质量；水淀粉太少，汁收得不够显得汤汤水水，影响芙蓉蛋的嫩滑和蟹肉的鲜味。

▶ **菜品变化：芙蓉蛋蒸花蛤，咸蛋黄焗红花蟹，清蒸红花蟹**

100.

汤色乳白，鱼肉细嫩，味道鲜美

萝卜炖雅鱼

味型：咸鲜味　**烹饪工艺：**煎、炖

原料：雅鱼1条约800克，白萝卜500克，娃娃菜100克，生姜块15克，大葱段30克，姜片10克，葱段10克，芹菜末10克，小葱葱花15克，高汤2500毫升（见252页）

调味料：川盐1/2小匙，味精1/2小匙，胡椒粉1/2小匙，料酒1大匙，化猪油3大匙

·烹调制法·

1. 将雅鱼宰杀处理干净，在鱼身的两侧鳍上划一字花刀，用川盐1/4小匙、料酒、姜片、葱段码味备用。
2. 白萝卜去粗皮，切成长约15厘米的二粗丝，娃娃菜洗净切成小块，生姜拍破备用。
3. 炒锅内加入化猪油，大火烧至五成热，下生姜块、大葱段爆香，放入雅鱼，煎至鱼身两面干黄，加入高汤烧沸，撇去浮沫后连汤带汁倒入砂锅内。
4. 砂锅上中火炖20分钟，放入白萝卜、娃娃菜，再用川盐1/4小匙、味精、胡椒粉调味后炖10分钟，点缀芹菜末、葱花成菜。

【大厨经验秘诀】

1. 雅安周公河一带水域出产的雅鱼为正品，周公河的环境、气候、水质养出的雅鱼肉质细嫩、鲜美，无泥腥味。
2. 雅鱼的大小以一尾800克为宜，雅鱼太大成本高，且需更大砂锅才能炖下；雅鱼太小则肉少，汤色不易熬浓。
3. 雅鱼鱼身两面之所以要煎得干香、黄亮，一是可以除去鱼腥味，二是汤色熬制后会更浓白。
4. 萝卜丝、娃娃菜不宜炖得太久，否则影响汤的清香味，成菜口感也不佳，以萝卜丝、娃娃菜刚断生，软中带韧劲为最佳，因为砂锅比较保温，食用过程中，砂锅所蓄的热量会慢慢地将萝卜丝、娃娃菜再软化。

▶**菜品变化：野菌炖雅鱼，萝卜丝炖鲫鱼，豆豉蒸雅鱼**

雅安市的雅鱼主产于青衣江，图为县城里青衣江上的廊桥夜景。

川南雅安市有三雅，分别是特有的雅鱼、以美女多著名的雅女与滋润舒服的绵绵细雨雅雨。雅鱼又名丙穴鱼、嘉鱼、丙穴嘉鱼，其鱼肉鲜美，特别是炖汤，不需特别的调味料，只需一点葱姜与清水，以砂锅炖煮就鲜甜异常、味美难忘，因此雅安有一名菜就是砂锅雅鱼。雅鱼头部有一把酷似宝剑的鱼骨，传说具有驱邪除病、保平安的功效。

第七篇

江湖菜是江湖里不按牌理出牌的非正规餐馆厨师做的菜，菜肴风味具有鲜明地方特色，烹调操作手法天差地别，只为了迎合好吃嘴那酷爱寻奇的舌头。因此江湖菜的风格强烈而粗犷，香气浓郁、扑鼻而来，马上能激起你那沉睡的味蕾。成菜形式强调大红大绿、色泽亮眼、大麻大辣、味道浓厚，以激起食客们的好奇心与食欲。菜肴滋味必须保有食材的本性特点，该脆的食材必须保持成菜脆爽；滑嫩的食材必须保持滑嫩、糯口。关于餐具，江湖菜也是一绝，要求气势惊人，因此大盆大钵成为基本标配，酒坛子、木桶、泡菜坛子更是屡见不鲜。

江湖菜

[重奇味]

江湖菜特点

在爱跟流行、喜尝新寻异的四川，江湖菜的兴起可说是理所当然。约1980年开始，川菜经历了一次外来菜系的袭击，差一点全军覆没，之后在部分有识之士的引领下重新崛起，赢得了掌声，更风行全国！其他地方或许就此满足了，但在四川，这些喜尝新寻异的饕客、好吃嘴们没那么容易满足，总在创新求异。

隐藏在江湖里的传奇美味

好吃嘴们消息灵通，随着一阵新川菜大风吹过后，开始对正规餐馆酒楼的菜品或风格提不起兴致，视线转向一些不起眼、不知名的小馆子及路边摊，要找的就是那别人还没吃过的奇味。每每挖掘到风味独特、滋味奇妙的菜品、饭馆，不论多隐密，好吃嘴们总是蜂拥而至，各地做餐饮的人士就忙着考察并在四处插旗开店，深怕自己赶不上这波吃的流行浪潮。就这样，20多年间，人们追逐着此起彼伏但说不清楚的奇味，犹如追逐着江湖岸边的浪潮。

江湖菜一词并非出自餐饮圈，而是从好吃嘴们口耳相传中产生的词。四川人爱吃，搞文学、艺术、创作的人士更爱吃，最有名的属国画大师张大千，他是四川眉山人。还有著名的成都文人李劼人，不只爱吃还开过餐馆。好吃嘴里头不乏文人骚客，才能这么具像的创出江湖菜这一名词。

最初的江湖菜，市场上最一致的观点就是“五黑”，这黑不是黑心的黑，在川话中是强化语气的助词，可以理解为“狠

江湖川菜的基础就在于丰富而多样的原料、调辅料。

狠的、凶猛的、卯起来的”，但在当时多少有些贬义。这“五黑”指的是“黑起放花椒、黑起放辣椒、黑起放油、黑起放味精、黑起摆盘”。在今日反而成为江湖菜的一种标志，泛指新奇大胆，个性、口味做到极限的菜品，而江湖菜之名也就成为餐馆酒楼里特色鲜明、口味独特浓厚的菜品风格的代名词。

人在江湖走，哪有不挨刀

这江湖菜源自江湖里不按牌理出牌的非正规餐馆厨师，因此借鉴学习之时胆子要够大，勇于尝试与突破，才能将具有鲜明地方特色的江湖菜肴做出完美的诠释。对于食材的认识也要异于寻常，加上大胆的烹调操作手法，才能在平凡中出奇招，滋味奇特又保有食材的本性特点，让该脆的食材保持成菜脆爽，滑嫩的食材保持滑嫩、糯口，为菜品添上意想不到的滋味。

为了迎合好吃嘴那酷爱寻奇的口味，江湖菜的风格强烈而多变，对既有的麻辣味、糖醋味、酸辣味、煳辣味等味型下重手，改变传统用料或手法，让滋味变得既熟悉又陌生，还善用浓郁扑鼻的香气来诱惑味蕾。再说江湖讲的是豪气，成菜可不能扭扭捏捏，就是要大红大绿、色泽亮眼，大麻大辣、味道浓厚，热情的激起食客们的好奇心与食欲。用的餐具，不，是家伙，江湖菜操起家伙那可是一绝，要求气势惊人，大盆大钵是基本标配，酒坛子、木桶、不锈钢平盘、泡菜坛子是屡见不鲜。

想吃江湖菜，胆子先练大！即使是见多识广的老饕、好吃嘴，走进江湖菜馆也还是谨慎再谨慎，生怕一不小心，那魂被江湖惊艳奇味给勾了去。

江湖大爷特意来这安仁古镇百年打铁铺子找把好刀！

这苍蝇馆子有时与江湖菜馆仅有一线之隔。一样卖串串、麻辣烫，各有不同风味。

101.

色泽红亮，肉质细嫩，蒜香味浓郁

蒜香鱼

| **味型：** 蒜香孜然味　| **烹饪工艺：** 煮、淋

原料： 江团1尾约800克，大蒜末400克，芹菜末50克，小葱葱花50克，辣椒粉40克，孜然粉20克，花椒粉3克，十三香2克，红小米辣椒段50克，剁细郫县豆瓣20克，高汤3大匙（见252页）

调味料： 川盐1/2小匙，味精1/2小匙，白糖1/2小匙，料酒1/2杯，花椒油4小匙，香油2大匙，复制老油1/3杯（见253页）

位于凉山州最南端的会理县古城，仍保有相对完整的原有格局。

·烹调制法·

❶ 将江团宰杀去内脏后处理干净，在鱼身两侧剞一字花刀备用。

❷ 锅内倒入水至六分满，放入150克蒜末、川盐1/4小匙、料酒1/2杯调味，大火烧沸转小火，放入江团煮约20分钟捞出装盘备用。

❸ 炒锅倒入复制老油，中火烧至四成热，下剁细郫县豆瓣炒至红亮，放入剩余大蒜末250克、红小米辣椒段炒香，再放入辣椒粉、孜然粉、花椒粉、十三香炒至色泽红亮蒜香味浓郁，加入高汤烧沸。

❹ 用川盐、味精、白糖、花椒油、香油调味，再用芹菜末、葱花调味后，出锅淋在江团鱼身上成菜。

【大厨经验秘诀】

❶ 此菜选用无鳞鱼，比有鳞鱼的成菜效果佳，有鳞鱼煮熟以后鱼肉易脱落、易碎，影响成菜美观。

❷ 鱼入蒜水锅中煮的目的是增加成菜后的蒜香味，汤汁中的盐一定要加足，否则鱼肉盐味淡，底味不足，成菜滋味不浓厚。

❸ 江团入锅一定要煮至𤆵软，鱼肉和鱼骨需可以轻易分离，成菜口感才会细嫩化渣。鱼肉煮的时间过短会影响成菜的口感及入味程度。

❹ 大蒜入复制油锅中不宜久炒，否则高温挥发会使成菜蒜香味不够浓郁，最后加入少量高汤是为了增加成菜的滋润度。

▶ **菜品变化：蒜香烧青波，香辣鱼，水煮麻辣鱼**

川菜有尚滋味，好辛香的特点，辛香指对姜、葱、蒜的重用。四川的蒜分独头蒜和瓣蒜两种，一年四季整株蒜好吃的部位都不同。古人有云：春食苗，夏食薹，五月食根，秋月收种。这道菜重用大蒜，突出蒜香味，一上桌只见盘中满满的大蒜，全然是江湖菜先发制人的气势。因大蒜的用量很大，在炒料时要确实将蒜的辛辣味去除并保留最多的蒜香味。

102. 色泽黄亮，鱼肉细嫩，麻香浓郁，回味苦中带甘

凉瓜鱼

味型：酸辣麻香味　**烹饪工艺：**烧

原料：江团1尾约800克，凉瓜（苦瓜）400克，泡酸菜50克，姜片20克，蒜片20克，小葱段50克，泡野山椒30克，黄灯笼辣椒酱50克，干青花椒20克，淀粉25克，清鸡汤500毫升（见252页）

调味料：川盐1/4小匙，味精1/2小匙，胡椒粉1/2小匙，藤椒油4小匙，料酒1/2杯，化鸡油100毫升

·烹调制法·

❶ 将江团宰杀去内脏后清洗干净，鱼肉切片状，鱼骨、鱼头剁成块状，备用；凉瓜去瓤，一半切成一字条状，另一半苦瓜加水100毫升榨成苦瓜汁；泡酸菜切成片，泡野山椒剁碎备用。

❷ 将鱼骨、鱼头、鱼肉分别用川盐、料酒、淀粉码味上浆。

❸ 炒锅内加入化鸡油50毫升，中火烧至五成热，放入泡酸菜片、姜片、蒜片、小葱段、泡野山椒、黄灯笼辣椒酱炒香，加清鸡汤500毫升烧沸，转小火熬5分钟，下鱼骨、鱼头入锅炖5分钟，放入苦瓜条、鱼肉片入锅，小火煮熟。

❹ 用川盐、味精、胡椒粉、藤椒油、苦瓜汁调味，出锅盛入汤盆内。

❺ 将炒锅洗净后加入化鸡油50毫升，中火烧至五成热，下入干青花椒粒炸香后，淋在鱼片上成菜。

【大厨经验秘诀】

❶ 江团鱼宰杀处理后，最好用80℃的热水烫洗去江团表面的黏液，否则江团成菜后有层白色的沫，影响成菜的色泽美观。

❷ 烫江团的水温过高易将鱼肉烫得死板，影响成菜肉质，水温过低黏液也不易去掉。

❸ 苦瓜分成两种形式加工处理，分成两个步骤入锅，一是体现苦瓜在鱼肴中的特色，二是使成菜的苦瓜风味更浓郁，单独放入条状的苦瓜成菜汤汁苦瓜味不浓。

❹ 鱼骨先熬熟后，再放入鱼肉、苦瓜，保持鱼肉的成菜细嫩和苦瓜翠绿清香同步。

▶ **菜品变化：**折耳根烧鱼，泡豇豆烧青波，嫩仔姜烧江团

安逸巴适的成都街道。

在四川，苦瓜又叫凉瓜，味如其名——带苦！苦瓜性寒味苦，具有清热解暑、明目解毒之功效。一般来说烹调苦瓜多是炒、烧、煮，过程中想方设法降低苦味，提升鲜香味与爽口感。此菜为酸辣麻香味，要突出苦瓜风味只有一反常规，将部分苦瓜打成泥当成“调料”，才能风味尽出。

103.

色泽红亮，外酥里嫩，煳辣甜酸味浓郁

风情带鱼

味型：煳辣糖醋味　**烹饪工艺：**炸、炒

来自大海的带鱼，特有的海味对多数川人来说是不习惯的，但在好奇心之下，带鱼菜品仍是川菜地区相对高档的，调的滋味也厚重些。这里应用煳辣荔枝味的调味手法，加重糖醋的使用，相当于煳辣味结合糖醋味，成菜后煳辣香味浓，糖醋味醇厚，更适合川人对带鱼菜品的口味偏好。

原料：带鱼600克，干红花椒粒20粒，干辣椒段20克，红曲米100克，姜片25克，蒜片15克，大葱粒35克，蒜薹25克，水70毫升

调味料：川盐3/4小匙，味精1/2小匙，白糖30克，大红浙醋2大匙，香油4小匙，料酒6小匙，复制老油3大匙（见253页），淀粉70克，色拉油适量

·烹调制法·

1. 将带鱼处理干净后，剁成5厘米长的段，再在带鱼肉的表面剞上十字花刀；蒜薹切成寸段备用。
2. 将红曲米放入70毫升水中，上中火烧沸熬2分钟，取出红曲米水备用。
3. 带鱼段用川盐1/2小匙、料酒3小匙、姜片10克、大葱粒15克码味10分钟，捞出沥干水分，再取50克淀粉拍一层在带鱼上备用。
4. 炒锅置于灶上，入色拉油至六分满，中火烧至五成热，下入带鱼，慢慢炸干水分至酥香，出锅沥油备用。
5. 用川盐1/4小匙、味精、白糖、大红浙醋、香油、料酒3小匙、红曲米水、淀粉20克调成糖醋味汁备用。
6. 洗净炒锅重新上火，入复制老油，中火烧至五成热，下干红花椒粒、干辣椒段、蒜片、姜片15克、大葱粒20克炝香后，烹入糖醋味汁搅拌均匀收汁，放入带鱼、蒜薹炒匀出锅成菜。

【大厨经验秘诀】

1. 带鱼选宽度为4厘米左右、肉厚实的比较合适，带鱼太窄没肉，经油锅炸后更显得没肉，带鱼太宽大，肉太厚实，入油锅后不易炸透，成菜口感不够酥香。
2. 先以高油温将带鱼入锅炸至金黄，再小火低油温慢慢浸炸，才能达到成菜酥香的特点。
3. 带鱼码味后，用干淀粉将带鱼均匀地拍一层，淀粉不宜裹得太厚，否则成菜后吃不出带鱼肉的味香，淀粉裹得太少或没有裹上，带鱼经不住油温，容易将带鱼肉炸死，并且糖醋味汁粘裹不上，入味不浓厚。
4. 红曲米熬水和复制老油在菜肴中主要起上色作用。

▶ **菜品变化：茶树菇鲜椒带鱼，泡椒带鱼，豆豉带鱼**

四川地区盛产竹子，在专卖竹木生活器具的铺子里处处可见川人巧思。

104. 西芹新鲜脆爽，鲜辣味美

凤尾西芹

味型：鲜辣味　**烹饪工艺：**泡、淋

此菜的关键在刀工，凤尾形花刀常用于爆炒类的食材，一来美观，二来增加食材受热面积，三是酱汁能吸附在食材上。此刀工应用在传统川菜所没有的食材西芹上，却发生奇妙的效果，西芹经冷水浸泡后，翻开如凤凰的尾羽状，栩栩如生，许多人看见此菜都赞不绝口。夹一块蘸上鲜辣酱汁食用，那爽口滋味让人胃口大开。

原料：西芹200克，大蒜末50克，红小米辣椒末30克，小葱葱花20克，热高汤75毫升（见252页），红色康乃馨1朵

调味料：川盐1/4小匙，味精1/2小匙，生抽2小匙，美极鲜酱油4小匙，藤椒油3小匙，香油3小匙

·烹调制法·

❶ 将西芹刮皮、去筋后洗净，修成长块，切成凤尾形花刀（见256页），逐一将西芹切完，泡入流动的净水中3小时备用。

❷ 将大蒜末、红小米辣椒末放入碗中，加入80℃左右的热高汤搅拌，再用川盐、味精、生抽、美极鲜酱油、藤椒油、香油、葱花调味，兑成鲜辣味汁。

❸ 将泡涨成凤尾的西芹捞出沥水、装盘，点缀康乃馨花瓣上桌，配以鲜辣味汁成菜。

【大厨经验秘诀】

❶ 西芹选表面翠绿、无空心、新鲜度强的为宜，为了确保成菜的口感脆嫩，必须将西芹表面的粗皮及筋去除干净。

❷ 切西芹凤尾花刀是此菜品的美观关键，斜刀的纹路（凤尾羽毛）要平斜而长，经清水浸泡才会有飘逸感，再结合交叉直刀的技法，尾羽的前半部分切断开，后半部分紧密相连，成形就更栩栩如生。

❸ 用流动的净水浸泡，西芹吸水后口感脆嫩，切忌加盐水浸泡，否则会影响成形美观。

❹ 大蒜末、红小米辣椒末加入80℃的汤后，会激发出辣椒的鲜辣味，大蒜瓣的芳香味也更浓，用冷汤调制不出鲜辣味浓烈的感觉。

▶ **菜品变化：柠檬西芹，百合炒西芹，辣鸡酱拌西芹**

105. 香糯滑爽，咸鲜微辣，清油味浓

烧椒黑鸡脚

| **味型：**烧椒味 | **烹饪工艺：**煮、拌

鸡爪在近年成为十分热门的食材，在四川，厨师们更是将以鸡爪为原料的菜肴发挥得淋漓尽致，例如泡椒凤爪就风靡大江南北，随后椒麻凤爪，五香、麻辣的跑山黑鸡爪也相继登台，成为川菜中的名菜。此菜特选大巴山的黑鸡鸡爪，其皮厚、筋多、肉少，不论是卤、泡还是拌，成菜均口感香糯滑爽，搭上经典田园风味的烧椒酱汁，粗犷而不失细腻。

原料：理净的黑鸡鸡爪400克，青二荆条辣椒150克，蒜末50克，小葱葱花20克，生菜籽油（生清油）3大匙，姜片10克，蒜片10克

调味料：川盐1/4小匙，味精1/2小匙，白糖2小匙，豉油4小匙，清鸡汤3大匙

·烹调制法·

❶ 将鸡爪洗净血水，入加有六分满的水及姜、蒜片的锅中，先大火煮沸，再转小火慢煮约20分钟，捞出漂入凉水中冷却。

❷ 将冷却后的鸡爪捞出沥干水分，去掉鸡骨，只留鸡爪皮带筋备用。

❸ 青二荆条辣椒去蒂，用铁扦串成串，入木炭火上烧得皮呈焦褐色取出，切成4厘米长的段备用。

❹ 将蒜末、葱花、川盐、味精、白糖、豉油、清鸡汤、生菜籽油调味后，加入烧椒段、去骨鸡爪拌匀，装盘即可成菜。

【大厨经验秘诀】

❶ 黑鸡鸡爪宜选用大巴山里放养的跑山黑鸡鸡爪，鸡爪下料时须连鸡拐带小腿肉一起，成菜才会整齐大气，否则鸡爪煮熟后会收缩，影响成形美观。

❷ 控制好煮鸡爪的水温及火力，先冷水下鸡爪，锅内水沸腾后立即换成小火，保持微沸不腾，才能保证煮熟的鸡爪皮形完整。沸水放入鸡爪或火力过猛，煮熟后的鸡爪收缩明显，鸡皮不够完整，影响成菜美观。

❸ 青二荆条辣椒上炭火烤时，必须将辣椒烤成虎皮状，切忌将辣椒烤煳影响成菜口感，辣椒未烤熟或烤的程度不够，烧椒味不浓厚，还会出现爆辣而影响食用。

❹ 此菜突出生清油的香味，清油必须选用上好菜籽压榨而成的油，色泽黄亮，香气纯正。

▶ **菜品变化：五香黑鸡爪，椒麻凤爪，泡椒凤爪**

106.

外酥里嫩，香辣可口

雨花石烹鲜虾

味型：香辣味 **烹饪工艺：**炸、炒

原料： 理净基围虾400克，猪肉末100克，碎米芽菜50克，洋葱50克，干红花椒20粒，干辣椒段20克，葱花50克，淀粉15克，吉士粉10克，姜末10克，蒜末10克

调味料： 川盐1/4小匙，味精1/2小匙，料酒3小匙，麻辣鲜露3小匙，香油2小匙，藤椒油3小匙，色拉油适量

·烹调制法·

❶ 将基围虾背部划开去掉沙线，用川盐、料酒码味5分钟，再拍上淀粉、吉士粉备用。

❷ 炒锅内加入色拉油至五分满，大火烧至六成热，放入基围虾，炸至虾壳酥脆、红亮、熟透后出锅沥油。

❸ 将洋葱洗净切成二粗丝，铺在砂锅底备用。雨花石放入烤箱用200℃加热20分钟烤透，取出后置放于砂锅中的洋葱丝上备用。

❹ 炒锅洗净，加入色拉油3大匙，中火烧至五成热，猪肉末入锅炒散再煵炒至干香，放姜末、蒜末、碎米芽菜、干红花椒、干辣椒段炒香，放入炸好的虾，用味精、麻辣鲜露、香油、藤椒油、葱花调味炒匀出锅，盛入洋葱丝上放有烤热雨花石的砂锅中成菜。

【大厨经验秘诀】

❶ 虾的个头大小应均匀，以虾肉厚实的为佳品。

❷ 虾背部剖一刀的目的一是去除沙线，以免影响口感，二是美化菜品的形状，三是缩短烹调时间，四是让虾在烹调中更加入味。

❸ 猪肉末选择肥瘦均匀的前夹肉，成菜后口感更酥香。

❹ 炸虾要用未使用过的色拉油，油温在180℃左右，这样炸出的虾壳红亮、酥脆。若以使用过的油来炸，炸制后的虾壳色泽不够红亮、色泽发暗；若油温过低虾壳不易炸酥脆，影响口感。

❺ 此菜必须将雨花石用200℃的烤箱加热20分钟，或用200℃左右的油以油炸方式加热，这样既可以增加菜肴香味，也可以提高菜品的温度，调节用餐氛围。

▶ **菜品变化：水煮虾，蛋黄虾，椒川盐虾**

在川菜世界里，虾蟹的烹调手法及味型变化数不胜数。最有名、最具有代表性且经久不衰、风靡大江南北的，还得数香辣蟹。这里借鉴石烹的概念，运用雨花石的蓄热特性，将成菜的煳辣香与干香发挥到极致，并延长香气散发的时间。

川茶以清香爽口滋润为特点，其中竹叶青最具观赏趣味，以玻璃杯冲泡，可见茶叶立在茶汤中，有些还会上下浮沉。

107. 荤素齐全，香而不辣，香味厚重

四川冒菜

味型：麻辣味　**烹饪工艺：**冒

冒菜是四川特色美食之一，前身是麻辣烫，因应市场个人化消费的需求演变而来，是一个人也可吃的麻辣菜。街边馆子制作时会将各种荤素原料放入一个竹篓内，将竹篓浸入由多种香料炒制的底汤锅中煮制，待原料熟透，便取出倒入汤碗内再次调味。冒菜成菜色泽红亮，香而不辣，辣而不燥，经济实惠。这里以串串的形式呈现。

原料： 菜籽油1.5千克，牛油1.5千克，高汤10千克（见252页） **A**生姜100克，大葱100克，洋葱100克 **B**八角10克，山奈3克，香叶10克，小茴5克，甘菘（香草）3克，白扣5克 **C**郫县豆瓣500克，糍粑辣椒500克 **D**毛肚30克，黄喉30克，火腿腸50克 **E**藕50克，土豆50克，青笋50克 **F**红薯粉条50克，花菜50克，海带50克，鹌鹑蛋50克，鸭血50克，黄豆芽50克 **G**香菜末10克，葱花20克，大蒜末20克，油酥黄豆30克（见255页）

调味料： **A**川盐50克，味精100克，十三香20克 **B**川盐1/4小匙，味精1/4小匙，香油3大匙

·烹调制法·

① 菜籽油烧热炼熟，加牛油烧至六成热，下原料**A**炸香。

② 关火再下原料**B**入油锅浸炸至香。待油温完全冷却捞去料渣即成香料油。

③ 用中火再将香料油烧至四成热，下原料**C**，转小火慢炒1小时，炒至豆瓣、糍粑辣椒红亮润泽、香气纯正、油呈红色后离火，放凉静置24小时即成冒菜底料。

④ 取炒制好的冒菜底料2.5千克，加入高汤大火烧沸，转小火熬30分钟。加入调味料**A**熬10分钟即成冒菜汤底。

⑤ 将原料**D**改刀切成长方片。原料**E**去外皮洗净后切成0.3厘米厚的片。红薯粉条用温水完全涨发后切成20厘米长的段。花菜改刀成小块，海带切成6厘米长的段，鹌鹑蛋煮熟后去壳，鸭血切成0.5厘米厚的片，以上食材全部串上竹扦，备用。

⑥ 将原料**G**放入碗内，再用调味料**B**调味后成味碟碗底料，备用。

⑦ 将冒菜汤底用大火烧沸，把步骤5理好的原料依次放入竹篓内，再将竹篓放入冒菜汤底锅内烫煮，约半分钟翻抖几次竹篓，让各种原料受热均匀至熟。

⑧ 将烫煮的各种原料倒入汤碗中，点缀香菜（另取）成菜，搭配步骤6的味碟碗底料食用。

【大厨经验秘诀】

① 冒菜主要看火锅汤料的熬制方法，若汤料不香或香味不浓厚，或盐味、鲜味不足，冒菜成菜后就不会好吃，没有特色。

② 味碟碗底料的盐应加足，否则成菜有盐无味，味碟可以根据个人喜好加入鲜椒、醋、红油辣子等，成菜味道风格会跟着变化。

③ 冒菜的汤料如同老卤水，它由各种香料熬制而成，熬煮越久时间越长，香味越浓厚。但是随着煮的次数增加，要逐渐添加老汤底料，否则香味、滋味会减弱。

④ 各种原料的质地老嫩不同，要控制入锅烫煮的时间长短，否则会使成菜的口感不够脆嫩。

▶ **菜品变化：冒鸭肠，冒牛肉，冒鱼丸**

串串香铺子。冒菜与串串香都是解麻辣瘾的经济选择，口味、形式虽略有差异，本质却是一样的。

108. 肉质滑嫩，青椒味浓郁

青椒牛仔骨

味型：鲜辣味　**烹饪工艺：**煎、炒

原料：牛仔骨（牛小排）300克，青二荆条辣椒300克，大蒜50克，洋葱500克，大葱50克，生姜50克，香菜30克，鸡蛋1个，淀粉50克，高汤200毫升（见252页）

调味料：川盐1/4小匙，味精1/4小匙，白糖1/2小匙，胡椒粉1/2小匙，料酒1/2杯，酱油1小匙，黑胡椒酱4小匙，蚝油3小匙，香油4小匙，色拉油1/3杯

·烹调制法·

1. 将牛仔骨改刀成带肋骨的小块，用流水冲洗血水，拭干多余水分；青二荆条辣椒对剖后切成3厘米长的段，大蒜拍破备用。
2. 将洋葱、大葱、生姜、香菜加入高汤、料酒打成葱姜蓉汁。
3. 牛仔骨倒入葱姜汁中，再加入川盐、鸡蛋、淀粉搅拌上浆入味。
4. 炒锅入色拉油，以中火烧至四成热，放入牛仔骨煎熟，加入大蒜、青二荆条辣椒段翻炒，调入黑胡椒酱、蚝油、味精、白糖、胡椒粉、酱油、香油炒匀，待青二荆条辣椒段断生、香气溢出后装盘成菜。

【大厨经验秘诀】

1. 牛仔骨以骨与肉不脱层分离、牛肉呈雪花状、色泽鲜嫩润泽的为上品。
2. 改刀时每块牛仔骨必须肋骨外均匀包裹着牛肉，否则成菜肉、骨分开，影响美观。
3. 在腌制前，牛仔骨必须冲净血水，否则成菜后牛仔骨色泽发黑，有血腥味。
4. 牛仔骨的码味、上浆是关键，码味时水分要加足，否则成菜口感绵老、发柴。
5. 牛仔骨入锅煎至六成熟时就可以加入青辣椒、大蒜。若待牛仔骨完全煎透后再加入辅料，则青椒的香味不易渗透到牛仔骨肉中去。

▶ **菜品变化：酱焖牛仔骨，香辣牛仔骨，鱼香牛仔骨**

牛仔骨是西餐中使用较广泛的食材，也叫牛小排、牛肋骨，就是牛的胸肋骨，肉质肥有筋腱，多汁而筋道。近几年，川菜厨师大胆开创与借鉴，将西餐原料与中餐工艺结合，再搭配川人的味觉喜好，融入川菜的烹调味型，让食客们在吃法上有了更多的选择和享受。

成都文书坊外围混合中西风格的肇第是军阀时期刘文辉的干儿子石肇武的府邸的门楼，原址不在此，是在鼓楼南街，因极具特色，而将这个门楼拆下来后再一砖一瓦按原样复原。

109. 口感脆糯滋润，咸鲜而微辣

有机豆炒酱肉

| **味型：**咸鲜微辣味　| **烹饪工艺：**煮、炒

有机豆就是有机发芽豆，是近年保鲜技术的进步而催生的新食材，其黄豆味香，口感筋道而脆爽。当新食材遇上四川传统特产酱肉时，酱肉特有的酱香味、脂香味在翻炒过程中渗入到有机豆中，成菜滋味极为融洽，芳香四溢，咸鲜中夹杂着鲜辣味，回味悠长。

原料：有机发芽豆300克，酱肉200克，红小米辣椒50克，小韭菜30克，姜片10克，蒜片10克，色拉油25毫升

调味料：川盐1/4小匙，味精1/2小匙，辣鲜露2小匙，藤椒油1小匙，香油2小匙

·烹调制法·

❶ 将有机发芽豆去除外表的粗皮，用清水淘洗干净；酱肉洗净，红小米辣椒切成1厘米长的段，小韭菜切成2厘米长的段备用。

❷ 锅内加水至六分满，放入酱肉，大火煮开转小火煮30分钟至熟，取出晾凉后，切成0.5厘米见方的小丁。

❸ 锅中加入水至六分满，大火烧沸，放入有机发芽豆汆一水，捞出沥水备用。

❹ 炒锅上火，倒入色拉油，中火烧至五成热，放入酱肉丁爆香，加入红小米辣椒段、姜片、蒜片、有机发芽豆翻炒均匀，用川盐、味精、辣鲜露、藤椒油、香油调味，再放入韭菜段炒至断生，出锅成菜。

【大厨经验秘诀】

❶ 有机发芽豆选用刚长出嫩芽的黄豆，豆芽长度在0.5~1厘米为宜，芽长成菜不好看且没有特色，芽太短黄豆皮不宜去除，成菜色泽发暗。

❷ 酱肉一定要先加工熟，再和有机发芽豆一同烹炒，将酱肉的油脂香味与有机发芽豆的清香炒至融合，使本菜更具特色。

❸ 有机发芽豆入开水锅不宜久煮，否则成菜口感不脆；有机发芽豆必须先去外壳，否则煮熟后不易去掉，影响成菜色泽。

❹ 有机发芽豆入锅不宜久炒，炒得太久成菜不够黄亮、饱满，炒制过程中火力不宜过大，否则口感不脆爽。

▶ **菜品变化：有机豆爆爽肉，青椒炒酱肉，酸豆角炒有机豆**

110.

色泽翠绿，鲜辣脆爽

砂锅韭菜

味型：鲜辣味　**烹饪工艺：**炒

古人曰：正月葱，二月韭。意思是农历二月的韭菜最嫩。韭菜在川菜中用的不多，韭黄用的较多，如名菜韭黄肉丝。韭菜虽香却过于浓厚，因此川菜烹调中多用于拌馅、烧烤。江湖菜的精神就是打破常规，因此这道菜重用韭菜并要求韭菜成菜口感脆爽、清香而绿。

原料：韭菜400克，猪肉末200克，姜末15克，蒜末15克，红小米椒30克，孜然粉2克，色拉油3大匙

调味料：川盐1/4小匙，味精1/2小匙，香油4小匙，陈醋4小匙，辣鲜露3小匙

·烹调制法·

1. 将韭菜择洗干净，去头尾取中间部分切成20厘米长的段，红小米辣椒切成1厘米长的段。
2. 炒锅上火，入色拉油，以中火烧至四成热，下猪肉末炒散，煵至干香，加入姜末、蒜末、红小米辣椒段炒香，再加入韭菜段大火快速翻炒。
3. 用孜然粉、川盐、味精、香油、陈醋、辣鲜露调味，翻炒至韭菜入味出锅，盛入烧热的砂锅中成菜。

【大厨经验秘诀】

1. 韭菜取中段成菜，粗细长短均匀，口感脆爽，方便烹调。
2. 猪肉末须先煵炒酥香，在烹炒过程中让韭菜吸收肉末中的脂肪香味。
3. 韭菜入锅时火力应大，烹炒的时间要短，韭菜成菜后色泽才绿，口感才脆。
4. 砂锅烧热，主要是对成品进行保温的作用，增加韭菜上桌时的香味，调节就餐的气氛。

▶**菜品变化：铁板烤韭菜，鸡蛋炒韭菜，韭香牛肉**

111\. 色泽红亮，麻辣鲜香，回味悠长

川式毛血旺

味型： 麻辣味　**烹饪工艺：** 煮、淋

毛血旺在20世纪90年代末，发源于重庆市磁器口。重庆四面环江，长江嘉陵江环绕而过，江水的润泽使当地空气湿度大，故重庆人大多喜麻辣味重的饮食。近些年来，毛血旺的麻辣鲜香深受全国南北食客们的喜爱，特别是在北京、上海这些大都市，经营川菜的餐厅、酒楼都以毛血旺风味的特色菜来招揽客人。

原料： 毛肚50克，理净鳝鱼50克，黄喉50克，火腿肠50克，酥肉50克（见255页），猪血块150克，藕片50克，红薯粉条50克，海带50克，金针菇50克，黄豆芽100克，姜末20克，大蒜末30克，小葱葱花30克，大葱50克，剁细豆瓣50克，市售火锅底料100克，干辣椒20克，干红花椒3克，高汤850毫升（见252页）

调味料： 川盐1/2小匙，味精1/2小匙，胡椒粉1/2小匙，料酒1/2杯，花椒油4小匙，香油2大匙，复制老油150毫升（见253页）

庆市洪崖洞夜景。

·烹调制法·

❶ 将毛肚、黄喉切成小片，鳝鱼切成寸段，火腿肠切成小长方片，酥肉改刀切成小块备用。

❷ 将猪血块改成0.5厘米厚的片，藕去皮后切成0.3厘米厚的片，红薯粉条、海带切成1厘米的段，金针菇去根洗净，黄豆芽去根洗净，大葱、香菜洗净后切成寸段备用。

❸ 锅加水至六分满，大火烧沸，放入黄喉、毛肚、鳝鱼汆一水后，用漏勺捞出备用。

❹ 锅洗净重新加入水至六分满，大火烧沸，放入火腿肠、酥肉、猪血、藕片、红薯粉条、海带、金针菇、黄豆芽，汆煮透后捞出沥水备用。

❺ 炒锅倒入复制老油100毫升，中火烧至五成热，下大葱段、姜末、蒜末、剁细豆瓣炒香出色，加入火锅底料慢慢炒香，加入高汤烧沸转小火，熬15分钟，再放入步骤4的各种原料入锅。

❻ 调入川盐、味精、胡椒粉、料酒、花椒油煮开，再加入步骤3的原料入锅煮熟至入味，出锅盛入汤钵内。

❼ 取干净炒锅倒入复制老油50毫升、香油，中火烧至五成热，加入干辣椒段、干红花椒炝香出锅，淋在步骤6的汤钵中，点缀葱花成菜。

【大厨经验秘诀】

❶ 荤素原料汆水时须分开，素菜原料煮的时间久些，荤菜原料煮的时间不宜过久，否则成菜口感不脆嫩。

❷ 毛血旺这道菜是否麻辣鲜香味浓厚，取决于火锅底料的质量和添加调料、香料的多少。

❸ 汤料炒好后，须多熬些时间，待香味出来后再煮各种原料，煮原料时盐要加足，麻辣味的菜品咸味淡就会出现干辣而不香的状况。

❹ 注意最后炝干辣椒、干红花椒的油温要把握好，温度低则煳辣香味出不来，温度过高辣椒、花椒易煳，而影响成菜的麻香味。

▶ **菜品变化：香辣黄腊丁，香炝血旺鸭，肥肠血旺煲**

112. 色泽红亮，肉质细嫩而滑爽，麻辣鲜香爽口

豆花腰片

味型：麻辣味　**烹饪工艺：**煮

豆花鱼、豆花鸭肠、豆花牛肉都是川菜中颇具特色的代表作，它们麻辣鲜香、色泽红亮、豆花细嫩洁白，是佐酒拌饭的家常菜肴。尤其是豆花鱼在前几年曾几度风靡全国。此菜借鉴了豆花鱼的烹调技法，在此基础上作了调整与改良，腰片嫩而薄，片张薄而大，就像被子一样覆盖在白嫩的豆花上，并在滑嫩口感上营造出更多层次。

原料：猪腰2个（约300克），内酯豆花（嫩豆腐）2盒，油酥黄豆50克（见255页），姜末15克，蒜末15克，小葱葱花20克，大头菜粒25克，市售火锅底料75克，剁细郫县豆瓣20克，高汤50毫升（见252页），辣椒粉20克

调味料：川盐1/4小匙，味精1/2小匙，胡椒粉1/2小匙，白糖1/2小匙，醋2小匙，香油3小匙，花椒粉1小匙，色拉油3大匙

·烹调制法·

1. 将猪腰对剖开，去除腰骚，再片成一张张巴掌大小的薄片；内酯豆腐切成5厘米见方的块备用。
2. 炒锅内入色拉油，中火烧至五成热，下郫县豆瓣、姜蒜末、火锅底料炒香至色泽红润，再加入辣椒粉炒香、炒红亮，加入高汤烧沸，转小火熬5分钟。
3. 放入豆花块，用川盐、味精、胡椒粉、白糖、醋、香油调味，煮至豆花入味，加入腰片搅均匀后迅速出锅盛入汤碗内。
4. 将花椒粉、葱花、大头菜粒、油酥黄豆依次撒在汤碗中成菜。

【大厨经验秘诀】

1. 猪腰以个头大小均匀、无充血、无油膜的为上品。
2. 猪腰刀工处理时须去净腰骚，否则成菜会有膻味，影响口感；腰片片张完整，薄而均匀，不穿花、不穿孔才能成菜美观。
3. 腰片很薄，入锅烹制时不宜久煮，须先调味再下锅，快速推滑受热均匀熟透成菜，否则会影响腰片的滑嫩度。
4. 花椒粉不宜放入锅中煮，经高温久煮后花椒粉会有苦味出来，麻香味也易挥发，从而影响成菜质量。

▶ **菜品变化：豆花鱼，豆花肥肠，酸辣豆花**

113. 肉质脆爽，麻香鲜辣可口

青椒千层肚

味型：青椒鲜麻味 **烹饪工艺：**煮、淋

青椒味型近几年非常受好吃嘴和重口味食客的青睐，成都餐饮界的大蓉和酒楼出品的一款石锅青椒三角蜂一年的销售额就达五百万人民币，可见这种鲜香、刺激的味型对食客的诱惑力有多强。在四川火锅领域中，千层肚可说是必点食材，也是销量中的佼佼者，青椒汁与千层肚的结合，使这道菜具有了清鲜兼具、质地嫩脆滑爽的特点。

原料：千层肚300克，青笋（莴笋）100克，金针菇100克，黄豆芽100克，鲜青花椒50克，红小米辣椒30克，青二荆条辣椒100克，青椒汁350毫升（见254页）

调味料：川盐1/2小匙，味精1/2小匙，藤椒油3大匙，香油3大匙

·烹调制法·

❶ 青笋去皮切成二粗丝，金针菇、黄豆芽去根洗净，红小米辣椒、青二荆条辣椒切成1厘米长的小段。

❷ 千层肚放入水七分满的高压锅内，大火烧沸后加盖压煮20分钟，取出晾凉，切成二粗条状备用。

❸ 锅中倒入水至六分满，烧沸后将青笋、金针菇、黄豆芽分别入锅大火汆煮熟透，用漏勺捞出，盛入汤盘垫底备用。

❹ 锅上火，入青椒汁350克中火烧沸，用川盐、味精调味，加入千层肚煮入味，出锅倒入步骤3的汤盘内。

❺ 炒锅洗净，倒入藤椒油、香油，中火烧至四成热，放入鲜青花椒、红小米辣椒段、青二荆条辣椒段炒香后，出锅淋在千层肚上成菜。

【大厨经验秘诀】

❶ 掌握青椒味汁的熬制方法，是这道菜肴的关键。

❷ 千层肚压煮后口感以脆爽为宜，若口感绵老则大大影响成菜口感。千层肚压煮的时间过久，口感会很软，没咬劲，压制时间太短则千层肚太硬，口感不脆。

❸ 这道菜肴的重点是突出藤椒油和鲜青花椒的麻香味，因此要控制好其用量，用量过少麻香味不明显、不浓厚，用量过多则食客难以接受，必须恰到好处。

▶ **菜品变化：青椒爽口鱼，石锅黄喉血旺，青椒三角蜂**

114.

色泽金黄，外酥里嫩，蒜香味浓

蒜香九肚鱼

| **味型：**蒜香味　| **烹饪工艺：**炸、炒

九肚鱼学名叫龙头鱼，肉质细嫩，大多以椒盐味、红烧、煮汤的方法成菜。此道菜借鉴粤菜避风塘炒蟹的烹调技法、川式的调味制成，除了必备的蒜末，更加了花生碎及白芝麻，成菜除了蒜香味浓郁外，层次更多，且色泽金黄，外酥里嫩。

原料：九肚鱼500克，大蒜末400克，酥花生碎100克，白芝麻50克，小葱葱花20克，大红甜椒25克，大青甜椒25克，面包糠（面包粉）150克，蒜香粉50克，吉士粉50克，淀粉200克

调味料：川盐1/2小匙，味精1/2小匙，料酒1/2杯，胡椒粉1/2小匙，色拉油适量

·烹调制法·

❶ 大红甜椒、大青甜椒去籽切成细粒备用。

❷ 将九肚鱼去头和内脏洗净，剁成3厘米长的段，再用大蒜末100克、川盐1/4小匙、胡椒粉、料酒码味10分钟备用。

❸ 炒锅内倒入色拉油至五分满，下入面包糠在锅中小火慢炸熟至黄，出锅沥油备用；待锅内油温重新升至五成热时，放入大蒜末300克炸熟至呈金黄色，出锅沥油备用。

❹ 将蒜香粉、吉士粉、淀粉混合后，在九肚鱼表面均匀地拍上一层备用。

❺ 将锅内的色拉油烧至六成热，九肚鱼入油锅中炸熟至外酥金黄，用漏勺捞出锅，沥油备用。

❻ 炒锅洗净，入色拉油3大匙，中火烧至四成热，放入青红甜椒粒、面包糠、大蒜末、酥花生碎、白芝麻炒香，用川盐1/4小匙、味精、葱花调味，加入炸好的九肚鱼炒匀出锅成菜。

【大厨经验秘诀】

❶ 九肚鱼要选个头大小、长短均匀的，才能保持成菜美观。

❷ 九肚鱼码味时须提前用鲜蒜末腌制，否则成菜蒜香味不够浓厚。

❸ 想要九肚鱼成菜的表面更加酥脆，关键一是拍混合粉，关键二是掌握好炸九肚鱼的油温。淀粉需现拍现入油锅炸，提前拍得过早，鱼肉出水会造成淀粉太稀，炸制后表皮不脆；炸制时须先高油温将鱼肉炸制定形，再中小火慢慢浸炸熟，否则会影响九肚鱼的酥脆感。

❹ 拍吉士粉的主要目的是使九肚鱼的成菜色泽更金黄。

❺ 最后一道烹调工序，锅中色拉油必须要少，否则成菜会显得油重，给人很油腻的感觉。炸好后的大蒜末、面包糠必须用餐巾纸将油吸干后再入锅炒，否则会影响成菜口感。

▶ **菜品变化：**蒜香狮子鱼，蒜香羊筋，红烧九肚鱼

115. 色泽红亮，入口软糯，鲜辣味浓

小尖椒红烧肉

味型：鲜辣味　**烹饪工艺：**炸、烧、炒

红烧肉各大菜系均有，根据地区环境、人文饮食习惯的不同，其成菜的色泽、风味也各不相同。但无论哪个菜系，都选用精五花肉，再经上色、紧皮，小火慢慢烧，使五花肉成形红亮，软糯适口，肥而不腻。对追寻奇味的川厨而言这远远不足，烧好的红烧肉只算是底味，要在这底味上再加入时下流行的鲜辣味，调制出让人停不下口、醇厚爽口的独特口味。

原料： 五花肉750克，青二荆条辣椒200克，红小米辣椒50克，干红花椒8颗，干辣椒15克，姜末50克，蒜末50克，郫细郫县豆瓣50克，大葱末50克，红曲米50克，高汤1000毫升（见252页）

调味料： 川盐1/2小匙，味精1/2小匙，白糖1/2小匙，胡椒粉1/2小匙，料酒1/2杯，香油3大匙，色拉油适量

·烹调制法·

❶ 将五花肉切成2.5厘米见方的块，青二荆条辣椒切成滚刀块，红小米辣椒剖开成2半，干辣椒切成1厘米长的小段。

❷ 锅上火，倒入水1000毫升，下红曲米，大火烧沸后转小火熬15分钟，沥去米渣，加入五花肉块煮至上色、熟透，出锅沥水备用。

❸ 炒锅倒入色拉油100毫升，大火烧至五成热，下大葱段、姜末、蒜末、郫细郫县豆瓣炒香并呈红色，加入高汤，转小火熬20分钟，沥去料渣成红汤汁备用。

❹ 另取一干净炒锅，倒入色拉油至五分满，大火烧至五成热，下五花肉块炸至金黄、表面起皱，出锅沥油后放入步骤3的红汤汁锅中，用川盐1/4小匙、白糖、胡椒粉、料酒调味，小火烧1小时，至五花肉红亮、软糯，用漏勺捞出沥汁备用。

❺ 另取锅，倒入色拉油50毫升，中火烧至五成热，下入干红花椒、干辣椒段、红小米辣椒、青二荆条辣椒炝炒香，加入红烧肉炒匀且出香入味，再用川盐1/4小匙、味精、香油调味炒匀成菜。

【大厨经验秘诀】

❶ 五花肉选用肥瘦均匀、不脱层的精三层肉，生肉改刀成块时要大小均匀，否则影响成形美观。煮熟后的五花肉不容易上色，因此生肉改刀之后就需进行上色的步骤。

❷ 用红曲米上色比用糖色、酱油上色更红亮，且不褪色、不变色，成菜更美观。用红曲米上色的五花肉必须用干净的色拉油高温炸，否则成菜色泽太红亮而不自然，容易影响食欲。油炸的目的一是让红曲米色变浅呈金黄色且烧制后不褪色，二是让五花肉脱去部分的油脂。

❸ 五花肉在烹调过程中需要把握烧制的时间，若烧的时间过长，不便于炒制，会易碎、粘锅；烧的时间若太短则五花肉成菜不够软糯，成菜显得油腻。

❹ 五花肉最后和青二荆条辣椒同炒，目的是直接将二荆条辣椒的香味炒入红烧肉中。

▶ **菜品变化：尖椒小炒肉，蜂蜜红烧肉，一品宝塔肉**

会理古城夜色。

116. 色泽红亮，肉质脆爽鲜美

泡豇豆烧脆鳝

味型：家常味　**烹饪工艺：**烧、炒

原料：鲜活鳝鱼500克，泡椒末50克，泡姜末50克，姜末15克，蒜末15克，泡豇豆100克，红小米辣椒50克，辣椒粉20克，藿香30克，小葱葱花30克，水淀粉40克，泡野山椒20克，高汤100毫升（见252页）

调味料：川盐1/4小匙，味精1/2小匙，白糖1小匙，醋3小匙，料酒1/2杯，香油2小匙，色拉油1/3杯

用餐环境的特殊性常是吃江湖菜的一大趣味。在重庆南岸山坡上、枇杷树下吃火锅，是何等惬意。

·烹调制法·

1. 将鳝鱼宰杀去脊骨、内脏、头尾，剁成8厘米长的段；泡豇豆切成寸段；红小米辣椒、泡野山椒切成1厘米长的小段；藿香取叶备用。
2. 锅内加水至五分满，大火烧沸，下鳝鱼段汆一水出锅，冲尽血沫，沥水备用。
3. 炒锅上火，倒入色拉油，中火烧至五成热，下泡椒末、泡姜末、姜末、蒜末、泡豇豆段、辣椒粉炒至红亮，加入鳝鱼段、红小米辣椒段、泡野山椒段继续翻炒出香味，烹入料酒炒匀，加高汤煮沸。
4. 用川盐、味精、白糖、醋、香油调味，下入水淀粉收汁，再加入藿香叶、葱花翻炒均匀出锅成菜。

【大厨经验秘诀】

1. 鳝鱼选用鲜活、中指粗的本地湿地鳝鱼为宜，这样成菜口感才会脆爽，切勿使用热带地区的鳝鱼，这种鳝鱼入锅加热即烂，成菜口感一点也不脆爽。
2. 鳝鱼必须现点现杀，杀鳝鱼时最好去背脊骨，否则食用时不方便，成菜口感不脆爽，杀后的鳝鱼肉应在3小时以内制作，才不会影响鳝鱼的脆感和鲜味。禁止使用死鳝鱼做菜，因为鳝鱼死亡后会产生剧毒。
3. 鳝鱼肉入锅不宜久煮，否则鳝鱼成菜口感不脆爽。汆煮去血沫可以去除鳝鱼部分腥味，成菜味道更鲜美。
4. 一定要将泡椒、泡姜、泡豇豆的酸香味炒出来后，再加鳝鱼快速翻炒成菜，否则会影响鳝鱼的脆度；加少量汤和淀粉收汁，是让鳝鱼成菜更加入味、鲜美。

▶ **菜品变化：泡豇豆煸鲫鱼，泡豇豆烧青波，香炝脆鳝**

四川属于鳝鱼分布较多的长江流域，因而人们对鳝鱼烹调与食用的方法多样，加上脆爽、滑嫩的口感相当独特，让许多人情有独钟，使得烹调味型多样，从家常味、酸辣味到麻辣味都有，以厚重为主，也常是下酒首选。要展现鳝鱼成菜的独特口感，选择鳝鱼的大小是关键，做成脆鳝宜选用中指粗的活鳝鱼，刮杀理净后3小时内烹调，成菜口感才会脆爽。

117. 入口清香，脆爽，咸鲜微辣

油渣莲白

| **味型：**咸鲜微辣味 | **烹饪工艺：**炒

油渣莲白是一道极为不起眼的家常小炒菜，但莲花白的清香伴随着油渣的脂香味，一出锅立马能勾起大多数人童年记忆中的猪油渣炒饭，这江湖菜的奇味有时还真摸不到底，吃的是情感的美妙回味！记得20世纪70~80年代，人们生活水平尚处于温饱线上下时，放学回家若能吃上一顿油渣炒饭，就算得上打牙祭了。

原料：莲花白（圆白菜）350克，肥膘肉100克，大蒜30克，红小米辣椒20克

调味料：川盐1/4小匙，味精1/2小匙，豉油4小匙，香油4小匙，色拉油3大匙

·烹调制法·

1. 将莲花白去菜梗，用手撕成手掌大小的片，淘洗干净，沥干水分备用。
2. 肥膘肉切成长5厘米、宽3厘米、厚0.3厘米的片，大蒜切去两头拍破，红小米辣椒切成1 厘米长的小段。
3. 炒锅上火，倒入色拉油，中火烧至四成热，下入肥膘肉炒至干香出油、微焦时，放入大蒜、红小米辣椒段炒香，加入莲花白快速翻炒均匀。
4. 用川盐、味精、豉油、香油调味，莲花白在锅中快速翻炒入味、断生至熟，出锅成菜。

【大厨经验秘诀】

1. 牛心型莲花白成菜色泽有淡淡的翠绿，清香味更浓，一般常用的莲花白色泽略带黄色，脆度极差。
2. 莲花白用手撕成不规则的片，成菜清香味浓厚，给食客一种原生态的印象，通常会觉得比菜刀切的更美味（又名手撕包菜）。
3. 肥膘肉提前爆至干香，生莲花白入锅能迅速吸收猪油与色拉油的混合香气及温度，大火快速成菜能保持莲花白的脆性及清香，不宜在锅中久炒，否则会影响成菜的色泽、脆度和香味。

▶ **菜品变化：干锅大白菜，油渣炒豆角，油渣炒饭**

118.

入口脆爽，麻辣鲜香味浓

火爆鸭肠

| **味型：**麻辣味 | **烹饪工艺：**火爆

川菜之所以出现江湖菜这一流派，源头就在于改革开放后许多非正规拜师学艺的江湖人士进入了餐饮圈，做菜不讲规矩，只求口味巴适，烹调工艺则以与小炒相近的火爆为主。火爆的烹调技法相当考验功底，但这些江湖菜馆的老板兼厨师却是驾轻就熟，拿起脆性食材入锅，旺火高温快速爆炒、收汁成菜，一气呵成，尽显口感脆爽、味道鲜美的特点。

原料：鸭肠300克，青二荆条辣椒300克，泡椒末50克，泡姜末50克，大葱段20克，干青花椒20克

调味料：川盐1/4小匙，味精1/2小匙，料酒1/2杯，香油4小匙，色拉油1/3杯

·烹调制法·

❶ 将鲜鸭肠刮去油膜洗净后，切成15厘米长的段，青二荆条辣椒切成0.5厘米长的小段。

❷ 锅内倒入水至六分满，大火烧沸，放入鸭肠快速汆水捞出，沥水备用。

❸ 炒锅倒入色拉油，大火烧至五成热，下泡椒末、泡姜末、干青花椒爆香，加入鸭肠、青二荆条辣椒段、大葱段快速翻炒均匀。

❹ 用川盐、味精、料酒、香油调味，炒至鸭肠入味出锅成菜。

【大厨经验秘诀】

❶ 鸭肠宜选用当天的鲜鸭肠，成菜口感脆爽、鲜香，碱发的鸭肠入锅爆炒后缩形比较大，成菜没有鸭肠的鲜味，并有一种刺鼻的碱味，影响食欲。

❷ 鸭肠表面附裹着一层油，处理时须去除净，否则影响成菜的脆性。鸭肠汆水后缩水较厉害，故在处理时应切长段，成菜后长度才比较合适。

❸ 鸭肠汆水时火力要猛，锅中水要比鸭肠的量多5倍，这样成菜口感才不会受到影响；若火小水少，则鸭肠入锅受热不均匀，影响成菜口感的脆性。

❹ 爆炒时，先将辣椒、花椒、泡椒的香味、色泽炒出来后，再倒鸭肠入锅中吸收花椒的香麻味、二荆条的辣香味、泡椒和泡姜的乳酸香味，成菜风格才会浓厚，彰显出川人嚼辣喜香的特点。

▶ **菜品变化：火爆双脆，豆花鸭肠，生椒鸭肠**

119.

色泽红亮，外酥里嫩，香辣味浓厚

酒仙肥肠

味型：麻辣味　**烹饪工艺：**卤、炸、炒

无论来自国际还是大江南北的客人，一定会对肥肠粉这道小吃印象深刻，入口麻辣微酸，粉滑而爽口，肥肠鲜糯。川人特别喜爱吃肥肠，常见的做法是卤制、红烧、干煸、火爆等方式，味道鲜香。而此道菜则是将肥肠先卤再炒，成菜干香，外酥里嫩，香辣爽口，佐酒拌饭皆宜。

·烹调制法·

❶ 锅内倒入水至五分满，大火烧沸，放入洗净的肥肠汆煮透，去尽浮沫，捞出放入烧开的卤水锅内，小火卤1小时至熟，捞出控干水备用。

❷ 卤好的肥肠切成约2.5厘米见方的滚刀块，放入盆中加淀粉码拌均匀。

❸ 甜椒切成小滚刀块，姜蒜切成指甲片，大葱切成2厘米长的小段，土豆去皮切成小一字条，干辣椒切成1厘米长的小段。

❹ 炒锅入色拉油至六分满，大火烧至五成热，放入土豆条炸熟至酥香，出锅沥油备用。待油温回升至六成热时，将裹匀淀粉的肥肠放入油锅中炸至外酥里嫩，出锅沥油备用。

❺ 锅内的油倒出，加入复制老油，中火烧至五成热，放入干辣椒段、干红花椒、刀口椒、姜蒜片、大葱段炒香，放入香辣酱，加甜椒块翻炒均匀，再放入炸好的肥肠、土豆、小麻花、酥花生炒匀，用味精、白糖、料酒、花椒油、香油调味炒香出锅成菜。

成都特色小吃。

【大厨经验秘诀】

❶ 生肥肠一定要反复搓洗干净，尤其是表面的油膜、黏液物必须去除干净，否则肥肠成菜腥味很大，影响成菜的鲜味。常用的洗法是将生肥肠用面粉反复揉搓，揉搓至表面的黏液全裹在面粉团上后，用清水冲洗干净，沥干水后再放入盆中，放入陈醋100毫升反复搓洗，至肥肠表面不粘手、无黏液物后，再入清水中反复淘洗3遍，捞出沥水备用。

❷ 肥肠汆水、卤制，主要是去除腥味，让肥肠成菜更加鲜美。

❸ 肥肠卤制时，必须掌握火候及卤制时间，火力过大易将卤水水分蒸发浓度变大，肥肠成形后口味会偏咸；卤的时间太久，肥肠太炽成菜口感太软，炒制后干香度略差，卤制时间太短，肥肠嚼不动口感太差。

❹ 炸肥肠时，油温要高，火力要大，炸的时间要短，成菜速度要快，若油温过低，肥肠上拍的粉易脱落，影响成菜的脆感，且油温低肥肠易吸油，成菜会显得油腻。

❺ 将所有原料、调辅料的香味炒香后，出锅前加入肥肠翻匀成菜，炸后的肥肠入锅炒得太久，也会显得成菜油腻感太重。

▶ **菜品变化：水煮肥肠，肥肠血旺，粉蒸肥肠**

原料：生肥肠600克，酥花生100克，大青甜椒30克，大红甜椒30克，姜10克，大蒜10克，大葱15克，小麻花50克，土豆100克，干辣椒35克，干红花椒2克，刀口椒10克（见253页），淀粉30克，卤水1锅（见253页）

调味料：香辣酱3小匙，味精1/2小匙，白糖1/2小匙，料酒1/2杯，花椒油2小匙，香油3小匙，复制老油3大匙（见253页），色拉油适量

120. 色泽红亮，质地脆爽，香辣味浓厚

霸王腰花

味型：麻辣味　**烹饪工艺：**煮、淋

霸王一词在川菜中意味着大麻大辣的浓厚口感，其成菜大气而豪迈，味道独特而厚重。三五朋友相聚围桌入座，在简单随意的就餐环境中，几口霸王菜下肚，麻辣鲜香，令人大汗淋漓，回味厚重而悠长，再来上几杯冰爽的啤酒解渴，那种感觉才显霸气，让人记忆深刻。

成都天府广场。

原料： 猪腰400克，莲藕100克，青笋100克，剁细郫县豆瓣25克，市售火锅底料30克，姜末25克，蒜末25克，大葱30克，葱花10克，干辣椒段50克，干红花椒2克，刀口椒20克（见253页），淀粉10克，白芝麻20克，豆豉20克，高汤400毫升（见252页），水淀粉30克

调味料： 川盐1/2小匙，味精1/2小匙，白糖1/2小匙，胡椒粉1小匙，料酒1/2杯，花椒油4小匙，香油4小匙，复制老油100毫升（见253页）

·烹调制法·

❶ 将猪腰一剖为二，去净腰骚，切成三刀一断的凤尾形腰花（见256页）；莲藕、青笋去粗皮切成0.3厘米厚的片，大葱切成1厘米长的小段。

❷ 将凤尾形腰花用川盐1/4小匙、料酒、淀粉码味上浆备用。

❸ 锅入水至五分满，大火烧沸，放入藕片、青笋片煮熟至断生，捞出沥水后垫于碗底。

❹ 炒锅入复制老油50毫升，中火烧至五成热，下郫县豆瓣、市售火锅底料、豆豉、姜蒜末、大葱段、刀口椒炒香，加入高汤烧沸，再放入腰花，用川盐1/4小匙、味精、白糖、胡椒粉、料酒调味烧沸，最后用水淀粉收汁搅匀，出锅盛入步骤3的碗中。

❺ 洗净炒锅，入复制老油50毫升、花椒油、香油中火烧至五成热，放入白芝麻、干红花椒、干辣椒段炒香后，出锅淋在腰花上，点缀葱花成菜。

【大厨经验秘诀】

❶ 猪腰选无充血、颜色不发暗的为宜，腰骚必须去净，否则成菜会有腥膻味。

❷ 猪腰处理时的刀距要均匀，凤尾花形成条均匀是成菜美观的关键之一。

❸ 在炒底料时加入刀口椒的目的是增加成菜香辣味的厚重感。

❹ 腰花入锅不易久煮，六分熟即可用水淀粉收汁出锅，否则成菜口感不够脆嫩，因最后还要炝煳辣油。

❺ 炝炒干辣椒、花椒、白芝麻时，须将煳辣味炒香，干辣椒开始变褐色才可出锅，此时煳辣味才浓厚，但不能将干辣椒的色泽炒过火使其变煳发黑，这样会影响成菜的色泽和麻辣香味。

▶ **菜品变化：霸王嫩兔，炝锅鳝鱼，火爆腰花**

121.

色泽红亮，肉质细嫩，泡椒味浓厚

招牌耗儿鱼

味型：泡椒味　**烹饪工艺：**烧

耗儿鱼是海鱼，各地叫法多样，如马面鱼、扒皮鱼、羊鱼、老鼠鱼、象皮鱼等。地处内陆的四川因运输、储存方便，加上耗儿鱼价廉物美而快速普及，烹调味型多样，深受食客喜爱。川菜讲究一菜一格，百菜百味，耗儿鱼吃法花样繁多，可以是菜品，也可以是火锅，在巴蜀地区，以耗儿鱼为特色的店可说不计其数。

原料：耗儿鱼750克，泡椒底料500克（见254页），红小米辣椒50克，青笋150克，小葱段20克，高汤600毫升（见252页）

调味料：川盐1/4小匙，味精1/2小匙，料酒1/2杯，香油4小匙

·烹调制法·

❶ 耗儿鱼解冻洗净备用；红小米辣椒切成1.5厘米长的小段；青笋切成一字条备用。

❷ 取泡椒底料入锅，加入高汤大火烧沸转小火，加入耗儿鱼烧20分钟，用川盐、味精、料酒、香油调味。

❸ 再放入青笋条、红小米辣椒段烧10分钟至耗儿鱼入味，点缀小葱段成菜。

【大厨经验秘诀】

❶ 耗儿鱼大小要均匀，以便于烹调入味和同步熟透，且成菜美观。

❷ 泡椒底料的泡椒味要浓厚，色泽要红亮，乳酸味要香，耗儿鱼成菜后才会香。

❸ 耗儿鱼可以加入底料中，只用小火慢慢烧开至熟透，不过耗时较长；也可以入高压锅内，加泡椒底料一同压制20分钟，这种烹制方式耗儿鱼成菜口感更细嫩，味道更浓厚。

▶ **菜品变化：豆豉耗儿鱼，香辣耗儿鱼，干锅耗儿鱼**

122.

色泽碧绿，肉质细嫩，鲜辣爽口

葱香肥牛

味型：鲜椒味　**烹饪工艺：**煮、淋

菜不惊人非好菜可说是江湖菜的一大特点，如何将一道菜做出亮点，就靠厨师们大胆突破、创新。这道葱香肥牛就是将跑龙套的葱拉来做第一配角，用的是什么葱呢？川菜常用的葱有三种，大葱、青葱、小葱（细香葱），大葱有拇指粗太抢戏了，香气也不足；青葱比小指细些，但辛味重，用量大了没法吃；细香葱像竹扦一样细，香气足辛味轻，最为合适。菜品一上桌，只见盘中撒了大把葱花，马上吸引所有人的视线，一入口葱香肉香满口，美味程度让人惊喜连连！

原料：肥牛300克，青笋50克，金针菇50克，小葱葱花120克，泡野山椒末50克，青二荆条辣椒圈50克，红小米辣椒圈50克，清鸡汤500毫升（见252页）

调味料：川盐1/2小匙，味精1/2小匙，山椒水3大匙，葱油1/3杯

成都的海椒花椒批发市场。

·烹调制法·

❶ 将肥牛用刨片机刨成薄片，青笋去皮切成二粗丝，金针菇去根部洗净备用。

❷ 清鸡汤用中火烧沸，加入泡野山椒末、青二荆条辣椒圈、红小米辣椒圈调味熬出汁，再用川盐、味精、山椒水调味后熬2分钟备用。

❸ 锅加水至五分满，大火烧沸，放入青笋丝、金针菇煮熟捞出沥水，垫于碗底。再将肥牛刨花片放入锅中氽一水去除血沫，捞出沥水后放入步骤2的汤中煮开，出锅放在青笋丝、金针菇的上面，撒上葱花。

❹ 炒锅内入葱油中火烧至六成热，出锅淋在葱花上成菜。

【大厨经验秘诀】

❶ 此菜品的肥牛选用牛脊背上部的上脑肥牛，带雪花状、肥瘦均匀的为宜。

❷ 肥牛刨片时成形要大，薄而均匀，成菜口感才会细嫩、鲜美，肥牛片太厚，入锅煮的时间久，影响口感；肥牛片需大火、水沸时入锅烫煮，再次开锅去血沫即可捞出，否则肥牛成菜口感会绵而老。

❸ 青二荆条辣椒、红小米辣椒、泡野山椒加清鸡汤熬煮时，加入川盐的底味要重，否则成菜盐味淡，会出现干辣现象，无法体现肥牛的鲜嫩感觉。

❹ 最后浇油时，油的温度不得低于150℃，油温低葱的香味激发不出来，油温高于200℃时葱叶会烫焦，成菜不够翠绿，鲜活度较差。

▶ **菜品变化：葱香鱼头，椒汁肥牛，葱香嫩牛肉**

123.

麻辣鲜香味浓厚，干香爽口

香辣爬爬虾

| **味型：** 麻辣味　| **烹饪工艺：** 炸、炒

成都的餐饮市场与时装一样，也讲究追随流行，跑在浪潮前沿的就是江湖菜。在香辣蟹、香辣虾流行风即将结束之际，江湖大厨又找到了新奇且话题十足的食材——爬爬虾。话说蓉城地处内陆盆地，所有的海产食材、小海鲜都得从沿海城市空运进来，爬爬虾这个神奇而押韵的名字，一夜之间就走红大街小巷，窜上千家万户的食客餐桌。

原料： 爬爬虾（皮皮虾）500克，土豆50克，莲藕50克，洋葱100克，姜25克，蒜25克，大葱30克，芹菜50克，白芝麻20克，干红花椒10克，干辣椒段100克，卤水100毫升（见253页），十三香2克，市售火锅底料100克

调味料： 川盐1/4小匙，味精1/2小匙，料酒1/2杯，白糖1/2小匙，胡椒粉1/2小匙，花椒油4小匙，香油2大匙，复制老油100毫升（见253页），色拉油适量

·烹调制法·

❶ 爬爬虾淘洗干净；土豆、莲藕去皮切成0.3厘米的厚片，洋葱切成小块，姜、蒜切成片，大葱、芹菜切成寸段。

❷ 炒锅内入色拉油至六分满，大火烧至六成热，放入土豆片、莲藕片炸熟至干香，捞出沥油备用；待油温回升至六成热时，放入爬爬虾至油锅中，炸至熟透捞出沥油。

❸ 锅内的油倒出，重新倒入复制老油中火烧至五成热，放入姜片、蒜片、大葱段、洋葱块、干红花椒、干辣椒段、白芝麻炒香，再加入火锅底料、十三香、爬爬虾继续翻炒，加入卤水，再加土豆片、藕片、芹菜段炒匀。

❹ 用川盐、味精、料酒、白糖、胡椒粉、花椒油、香油调味，翻炒至爬爬虾入味均匀出锅成菜。

在农贸市场里专卖麻辣调料的铺子，说明川菜对辣椒的使用不只要辣，还要辣的有层次、香气足。

【大厨经验秘诀】

❶ 爬爬虾选用鲜活、大小均匀、肥美肉厚的为宜。

❷ 香辣味菜肴调味的关键在于火锅底料；复制老油的香味是否浓厚直接影响爬爬虾的味道好坏。

❸ 爬爬虾入高油温锅中不得久炸，否则虾肉会变老，炸的目的一是去腥味，二是缩短烹制时间，三是使虾壳更亮。

❹ 加入卤水收汁是让爬爬虾入味更厚重。

❺ 须炒出干辣椒、干红花椒的麻、辣香味后才放入爬爬虾，否则成菜干辣爆辣却不香。

▶ **菜品变化：香辣小龙虾，香辣蟹，椒盐爬爬虾**

124. 色泽红亮，肉质软糯，细嫩

蹄花烧江团

| 味型：家常味 | 烹饪工艺：烧

原料：江团750克，猪蹄300克，干青花椒2克，大葱段10克，姜末10克，蒜末10克，泡椒末50克，泡姜末40克，青二荆条辣椒段50克，红二荆条辣椒段50克，小葱葱花20克，淀粉30克，高汤600毫升（见252页）

调味料：川盐1/2小匙，味精1/2小匙，白糖1/2小匙，胡椒粉1小匙，料酒1/2杯，香油2小匙，色拉油1/3杯

乐山金口河大峡谷。

·烹调制法·

❶ 将江团宰杀处理干净剁成大一字条，用川盐1/4小匙、胡椒粉、料酒、淀粉码味备用。

❷ 猪蹄上大火烧净残毛至表皮焦黑，入温水浸泡20分钟，捞出刮洗干净，剁成3厘米见方的块，再入沸水锅中汆煮至断生，去净血沫备用。

❸ 炒锅内入色拉油，大火烧至五成热，下干青花椒、大葱段、姜蒜末、泡椒末、泡姜末炒至油色红亮、出香，加入高汤烧沸，转小火熬60分钟，沥出料渣即成泡椒红汤汁。

❹ 猪蹄块加入泡椒红汤汁内，入高压锅中小火压煮20分钟，离火待压力消失之后打开锅盖，加入码好味的江团肉条，然后用川盐1/4小匙、味精、白糖、香油调味，再上中火压5分钟离火。

❺ 待压力消失后将锅盖打开，加入青红二荆条节搅拌均匀出锅装盘，点缀葱花成菜。

【大厨经验秘诀】

❶ 猪蹄选前蹄为佳，前蹄皮厚、筋多，须将猪蹄表皮的残毛烧焦去净，否则影响成菜的感观。

❷ 猪蹄须提前烧粑或压粑，否则成菜达不到软糯的口感。

❸ 江团肉的条状应与猪蹄的大小相当，成菜才美观；江团肉也可以码味后入油锅中滑熟再烧，成菜肉质也很细嫩、鲜美。

❹ 高压锅烹制河鲜是近年流行的方式，可缩短烹调时间，使成菜肉质更细嫩，但必须严格控制压煮时间以控制成菜的质地老嫩度。

▶ **菜品变化：红烧蹄花，黄豆家常蹄花，清炖江团**

如何创新？很简单，把不可能在一起的凑在一起就行了！虽说道理简单，但要做得好还是要对食材有足够的认识。这道菜滋润感、鲜香味十足，需久煮、富含胶质与滋润感的蹄花与不能久煮的高蛋白、鲜香味浓的江团一起烹煮，如何恰到好处？诀窍在于掌握两食材的成熟和入味时间的差异，在恰当的时间点将两者优点很好的融合在一起，加上适当的调味，一道佳肴就产生了。

奇怪，为何每一口都脆生生的？关键食材就是这小小的鲜兔肚，兔肚虽小但对吃兔大省四川而言来源不是问题，经过独特手法处理与烹调后，这兔肚就展现出独特的脆爽，马上惊艳四方，让每一口都脆爽鲜香，麻辣爽口，辣而不燥。此菜就是因此得名“麻辣口口脆”，也是盐帮菜里很具代表性的菜品。

125. 麻辣鲜香，口感脆爽

麻辣口口脆

味型：麻辣味　**烹饪工艺：**烧、淋

原料：鲜兔肚400克，芹菜50克，青蒜苗50克，黄豆芽100克，干辣椒30克，干红花椒2克，刀口椒50克（见253页），市售火锅底料100克，姜末25克，蒜末25克，泡姜末50克，白芝麻10克，高汤300毫升（见252页），小苏打2克，小葱葱花10克

调味料：川盐1/4小匙，味精1/2小匙，白糖1/2小匙，胡椒粉1小匙，料酒1/2杯，花椒油2大匙，香油2大匙，色拉油3大匙，复制老油100毫升（见253页），水淀粉3大匙

自贡市盐业历史博物馆。

·烹调制法·

❶ 将鲜兔肚去油膜、黏液洗净，一剖为二，用小苏打腌渍3小时后，用80℃的热水冲入发制后的兔肚中，再用勺子搅动兔肚使其受热均匀，待兔肚完全涨发后用清水冲净碱味备用。

❷ 芹菜、青蒜苗洗净后切成寸段，干辣椒切成1厘米长的小段。

❸ 炒锅倒入色拉油，中火烧热，下姜蒜末、泡姜末、火锅底料炒香，再放入刀口椒炒香，加入高汤烧沸，转小火熬10分钟。

❹ 另取锅将芹菜段、青蒜苗段、黄豆芽炝炒熟后出锅垫于盘底。

❺ 兔肚放入步骤3的锅中，调入川盐、味精、白糖、胡椒粉、料酒搅匀，用水淀粉收成浓汁出锅，盛入有芹菜、青蒜苗、黄豆芽垫底的碗中。

❻ 炒锅洗净，倒入复制老油、香油、花椒油，中火烧至五成热，放入白芝麻、干红花椒、干辣椒段炝香后淋在兔肚上，点缀葱花成菜。

【大厨经验秘诀】

❶ 要达到成菜脆爽的特点，一定要选用新鲜的兔肚；兔肚须提前处理涨发，小苏打加得过多或时间腌制太久，兔肚会滑嫩但不脆，涨发时间太短或小苏打量使用太少，兔肚成菜不脆，口感绵老。

❷ 小苏打涨发后的兔肚必须用80℃左右的热水激发提升，成菜会更脆；最后必须用流动水浸泡去净碱味。

❸ 刀口椒提前炒制在汤料中，香辣味会更浓厚而独特。

❹ 兔肚不宜在锅中久煮，涨发后的兔肚受热后会收缩加剧，影响脆度；兔肚入锅后，盐的底味应更重，否则浇油后兔肚会失去部分盐分而味道变淡；用水淀粉勾芡要浓稠，以使成菜更滑烫。

▶ **菜品变化：仔姜口口脆，火爆口口脆，干锅口口脆**

【附录一】川菜常用复制调料

清鸡汤的熬制

（又名鸡汤、鸡高汤、老母鸡汤）

材料：3年以上、治净的老母鸡1.2千克，水3升

制法：

❶炒锅中加入清水至七分满，旺火烧开，将治净后的老母鸡入开水锅中汆烫10～20秒后出锅，洗净备用。

❷将汆过水的老母鸡放入紫砂锅内加入水，先旺火烧开，再转至微火，加盖炖4~6小时即成。

高汤的熬制

（又名鲜汤、鲜高汤）

材料：猪筒骨（猪大骨）5千克，猪排骨1.5千克，老母鸡1只，老鸭1只，泉水35千克，姜块250克，大葱250克，料酒200毫升

制法：

❶将猪筒骨、猪排骨、老母鸡、老鸭斩成大件后，入开水锅中汆水烫过，出锅用清水洗净。

❷泉水、姜块、大葱、料酒加入大汤锅后，下汆好的猪筒骨、排骨、老母鸡、老鸭大火烧沸熬2小时，期间产生的杂质需捞干净。

❸再转中小火保持微沸熬2~3小时，滤除料渣即成高汤。

高级清汤的吊制

材料：高汤5升，猪里脊肉蓉1千克，鸡脯肉蓉2千克，泉水3升，川盐约8克，料酒20毫升

制法：

❶高汤以小火保持微沸，用猪里脊肉蓉加泉水1升、川盐约3克、料酒10毫升稀释、搅匀后冲入汤中，以汤勺搅拌。

❷以汤勺搅5分钟后，捞出已凝结的猪肉蓉饼备用。

❸再用鸡脯肉蓉加泉水2升、川盐5克、料酒10毫升稀释、搅匀成浆状冲入汤中，以汤勺搅拌。

❹以汤勺搅10分钟后，捞出已凝结的鸡肉蓉饼。

❺接着用纱布将鸡肉蓉饼和猪肉蓉饼包在一起，绑住封口后，放入汤中，以小火保持微沸继续吊汤。见乳白的汤清澈见底时即成。

高级浓汤

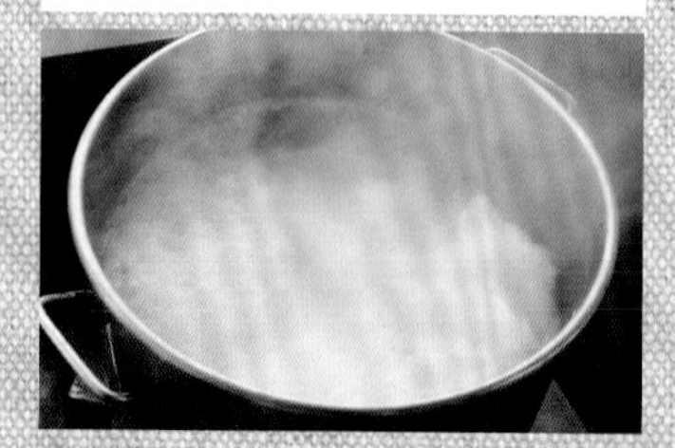

材料：老母鸡5千克，老鸭5千克，排骨2千克，猪蹄5千克，赤肉（净瘦肉）3千克，鸡爪2.5千克，金华火腿7.5千克，瑶柱（干贝）500克，水75升

制法：

❶将老母鸡、老鸭、排骨、猪蹄、赤肉、鸡爪、金华火腿、瑶柱处理治净，入沸水锅中汆水后，装入汤桶内再加水75千克。

❷上炉以旺火烧开，旺火炖1小时，转小火炖8小时后，沥净料渣取汤即成。

红油

材料：纯菜籽油5升，辣椒粉（二荆条辣椒最佳）1千克，带皮白芝麻250克，大葱150克，酥花生仁100克，洋葱100克，老姜100克，香菜15克，芹菜20克

香料：八角50克，山奈10克，肉桂叶（香叶）75克，小茴香100克，草果15克，桂皮10克，甘菘（香草）15克

制法：

❶将纯菜籽油入锅旺火烧至八成热，持续烧至熟（无生菜籽的气味，色泽由黄变白）。关火后再下大葱、老生姜、洋葱、芹菜、香菜，用热油炸香。

❷接着将全部香料下入，炸到香气溢出后，滤去全部料渣。

❸再开旺火使油温回升至六成热，同时将辣椒粉、白芝麻、酥花生仁放入大汤桶中，备用。

❹先把1/5热油冲入辣椒粉、白芝麻、酥花生仁的汤桶中，使辣椒粉、白芝麻、酥花生仁发涨浸透。

❺待其余4/5热油的油温降至三成热时，再倒入汤桶中搅匀，待冷却后加盖闷48小时即成特制红油。

熟油海椒

（又名四川油辣子、熟油辣子）

材料：干红辣椒250克（子弹头辣椒），菜籽油750毫升，老生姜25克，大葱50克，洋葱25克

制法：

❶干红辣椒入锅以小火炒香，当辣椒变为焦褐色至脆后，出锅晾凉。

❷辣椒用蔬果调理机打成二粗的辣椒粉，倒入大汤碗或小汤锅内备用。

❸将纯菜籽油入锅旺火烧熟至发白。关火后再下大葱、老生姜、洋葱用热熟菜籽油炸香后沥去料渣留油在锅中。

❹将炼熟至香的菜籽油再加热到五成热，倒入容器内的辣椒粗粉中，搅匀冷却即成。

复制老油

材料：菜籽油5升，郫县豆瓣末1千克，粗辣椒粉200克，姜块100克，大葱段100克，洋葱片100克，八角3克，小茴香2克，肉桂叶（香叶）3克，山柰1克，桂皮0.5克，甘菘（香草）0.5克，草果1颗

制法：

❶将菜籽油入锅大火烧至八成热，持续烧至熟（无生菜籽的气味，色泽由黄变白）。

❷下姜块、大葱段、洋葱片炸香，随后将所有香料投入炸香。

❸转小火，待油温降至四成热时，下入郫县豆瓣末以小火慢慢煵炒至水分蒸发至干。

❹当油呈红色而发亮，豆瓣渣香酥油润后，再加入粗辣椒粉炒香出锅，加盖闷48小时后即成复制老油。

复制香辣油

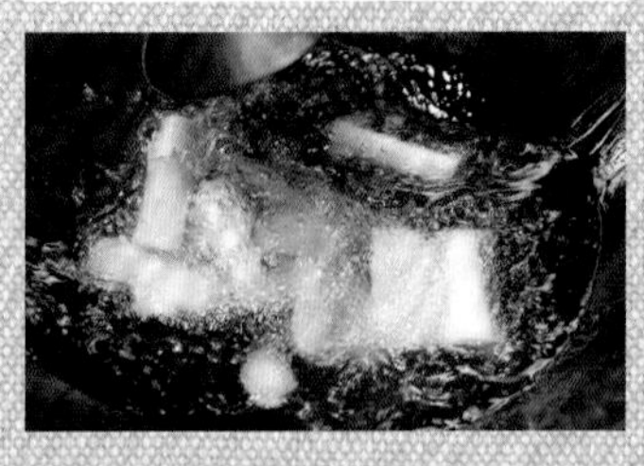

材料：郫县豆瓣100克，糍粑辣椒300克，姜50克，大葱100克，菜籽油2.5升，八角5克，肉桂叶（香叶）2克，小茴3克，甘菘（香草）5克，干红花椒20克

制法：

❶锅入菜籽油上大火烧至八成热，持续烧至熟（无生菜籽的气味，色泽由黄变白），离开火源。

❷当油温降至约160℃时，下入姜、大葱、八角、肉桂叶、小茴、甘菘炸香，再将油锅上小火，入郫县豆瓣、糍粑辣椒慢慢炒至油亮色红，香味纯正，再下干红花椒小火慢炒5分钟离火，存放24小时后沥料渣留油即成香辣油。

葱油

材料：色拉油500毫升，大葱段60克，洋葱片60克

制法：

❶将色拉油、大葱段、洋葱片同时倒入锅中。

❷先用中火烧热至油面水汽沸腾时，转小火慢慢熬制。

❸待大葱段发干、水分减少且转为浅褐色时关火，捞去料渣，将油晾凉即成。

刀口椒

材料：干红花椒粒50克，干红辣椒250克（干七星椒更佳）

制法：

❶取干红花椒粒、干红辣椒，入锅小火炒香使花椒、辣椒变焦褐色至脆后，出锅铲入大平盘中摊开、晾凉。

❷花椒、辣椒置于砧板上，用刀剁成碎末后即成刀口辣椒。

卤水

（又称川味红卤水）

材料： 姜片50克，大葱段250克，干辣椒100克，干花椒50克，川盐500克，味精20克，白糖（或冰糖）750克，老母鸡1.25千克，老鸭子1.5千克，猪排骨1.5千克，猪蹄1.5千克，猪棒子骨2千克，鸡油1.5千克，鲜高汤20升，色拉油100毫升

香料： 八角50克，山奈15克，桂皮20克，肉桂叶（香叶）75克，小茴香50克，甘菘（香草）25克，草果20克，香茅20克，白蔻25克

制法：

❶将老母鸡、老鸭子、猪排骨、猪蹄、猪棒子骨放入开水锅煮透后捞出，以流动的清水漂净血沫。全部装入高汤桶中备用。

❷将八角、山奈、桂皮、肉桂叶、小茴香、甘菘、草果、香茅、白蔻入开水锅中汆水，出锅洗净后，装入香料袋内成香料包。

❸炒锅上小火，倒入色拉油，下白糖炒至融化成糖色。接着加入鲜高汤用大火烧沸。倒入步骤1的高汤桶中。

❹香料包放入高汤桶中，加入鸡油，小火熬煮6~8小时。

❺熬煮好后，下入姜片、大葱段、干辣椒、干花椒，以小火再熬煮约20分钟。

❻最后调入川盐、味精调味，续煮约30分钟即成川味卤水。

芋儿鸡底料

材料： 菜籽油1升，糍粑辣椒200克，郫县豆瓣100克，姜末50克，蒜末50克，大葱段50克，色拉油500毫升，十三香50克，五香粉20克，干红花椒10克，干辣椒段30克

制法：

❶将菜籽油入锅用中火烧至八成热，持续烧至熟（无生菜籽的气味，色泽由黄变白），加入色拉油搅匀。

❷放入糍粑辣椒、郫县豆瓣小火炒香。下姜末、蒜末、大葱段炒约15分钟。

❸再调入十三香、五香粉、干红花椒、干辣椒段炒匀至出香味，离开火源即成。

泡椒底料

材料： 泡酸菜片50克，二荆条泡椒100克，泡姜80克，子弹头泡椒100克，大蒜50克，干青花椒10克，白糖4小匙，陈醋2大匙，色拉油400毫升

制法：

❶二荆条泡椒切成2厘米长的小段；泡姜切成1.5厘米长的小段。

❷炒锅上火，倒入色拉油，中火烧至六成热，入泡酸菜片炸干水分，再放二荆条泡椒、泡姜、子弹头泡椒炒香至油色红亮，续炒约30分钟至水分干。

❸接着加入大蒜、干青花椒、白糖、陈醋搅匀，出锅晾凉存放24小时后即成泡椒底料。

泡椒红汤

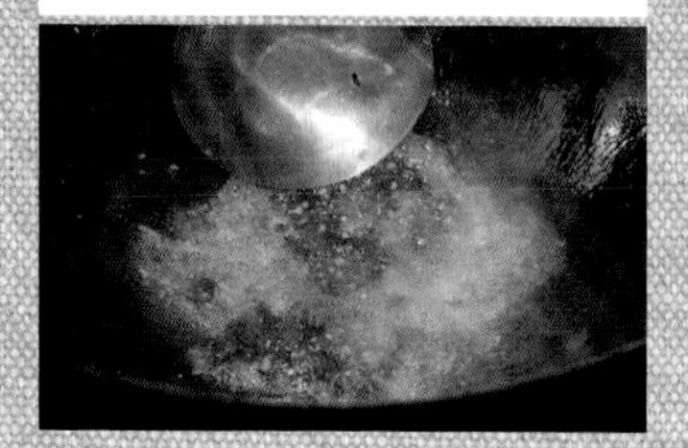

材料： 泡辣椒末30克，郫县豆瓣30克，大葱15克，姜末15克，蒜末15克，鲜高汤600毫升，色拉油50毫升

制法：

❶将炒锅置于火炉上，加入色拉油，大火烧至五成热时，下泡辣椒末、郫县豆瓣、大葱、姜末、蒜末炒香。

❷炒干水汽至油色红亮后加入鲜高汤，大火烧沸熬5分钟，捞去料渣留汤汁即成。

青椒味汁

材料： 洋葱50克，青二荆条辣椒圈150克，芹菜50克，小葱50克，胡萝卜50克，鲜青花椒100克，川盐15克，味精15克，老抽20毫升，辣鲜露50克，美极鲜30毫升，鲜高汤3升，香油50克，藤椒油100毫升

制法：

❶将洋葱、青二荆条辣椒圈、芹菜、小葱、胡萝卜、鲜青花椒洗干净后，入汤桶内，加入鲜高汤大火烧沸，转小火熬30分钟。

❷再用川盐、味精、老抽、辣鲜露、美极鲜调味，下入香油、藤椒油调匀即成。

炽豌豆

材料： 干黄豌豆500克，水2升，食用碱1克（可加可不

加，加了𤆵豌豆更细腻）

制法：

❶干豌豆洗净以后加水浸泡约8小时至完全涨发。

❷捞出涨发的豌豆倒入汤锅，加水至七分满，加入食用碱，大火烧开。

❸水沸后，改中小火慢煮2小时左右，中途需适当搅拌以免粘锅。可用压力锅缩短煮的时间。

❹准备一水盆放上筲箕，再垫上两三层纱布巾，避免滤水时豆泥流失。

❺待豌豆煮𤆵软后，舀入垫有纱布巾的筲箕内。

❻将装有𤆵豌豆的筲箕，静置、滤净水分即成。

盐焗鸡

原料：治净仔公鸡1只（约500克），盐焗鸡粉50克，姜片25克，葱段25克

调味料：海盐3000克，川盐10克，味精10克，白酒20毫升，姜黄粉10克

制法：

❶将治净仔公鸡晾干水分后用川盐、味精、白酒、姜黄粉、盐焗鸡粉、姜片、葱段码味，冷藏腌制3天取出。

❷将腌制后的鸡上蒸笼以大火蒸约30分钟至熟透。接着取出晾干水汽，用锡箔纸将整只鸡包好，完全密封后放入宽的浅盆中。

❸将海盐入锅大火炒至十分热烫，然后出锅将锡箔纸包的整只鸡完全掩盖。

❹将盖满热盐的全鸡放入烤箱内，以上火160℃、下火200℃烤30分钟。

❺将烤好的鸡整盘端出烤箱，取出盐堆中的全鸡，剥去锡箔纸，静置晾凉即成盐焗鸡。

油酥黄豆（腰果）

❶将干黄豆洗净，用3倍的水量泡6~8小时到完全涨透（鲜腰果则是洗净，泡5~10分钟即可）。

❷泡透的黄豆（腰果）捞出沥干水，之后入约五成热的油锅以中小火慢慢炸酥，当颜色转为浅金黄时，用漏勺捞出沥油，放凉即为油酥黄豆（腰果）。

酥肉

材料：五花肉条200克，鸡蛋4个，红薯淀粉（地瓜粉）200克，川盐1小匙，料酒1杯，菜籽油1升

制法：

❶将五花肉加入鸡蛋、红薯淀粉、川盐、料酒码味。

❷将码好味的肉条一条条下入五成热的菜籽油锅中。

❸炸至金黄并酥脆时，捞出沥油即成酥肉。

肉丸子

材料：前夹肉蓉200克，鸡蛋1个，淀粉80克，川盐1小匙，料酒1/2杯，色拉油1升

制法：

❶将前夹肉蓉加入鸡蛋、淀粉、川盐、料酒码拌均匀。

❷肉蓉挤成肉丸，入五成热的色拉油锅中。

❸炸至色泽黄亮外酥里嫩时，捞出沥油即成肉丸子。

水淀粉

材料：淀粉5克，水15毫升

制法：

❶将淀粉、水放入碗中搅匀即成。

❷淀粉与水的重量比是1：3。体积比是1：1，也就是1匙淀粉配1匙水混合即成。

糖色

材料：白糖（或冰糖）500克，色拉油50毫升，水300毫升

制法：

❶将白糖（或冰糖）、色拉油入锅小火慢慢炒至糖融化。

❷当糖液的色泽由白变成红亮的糖液，且糖液开始冒大气泡时，加入水熬化即成糖色。

脆浆糊

材料：鸡蛋清1个，淀粉50克，面粉50克，泡打粉2克，纯净水120毫升

制法：

❶将鸡蛋清、淀粉、面粉、泡打粉、纯净水全放入碗内，调制成稀糊状。

❷静置发酵30分钟后，即成脆浆糊。

【附录二】刀工成形

在读图时代，以食材实际成形图片，提供刀工成形后的实际效果，可以更直觉的了解刀工要求。图片所示之大小为实际大小的一半。

基本刀工

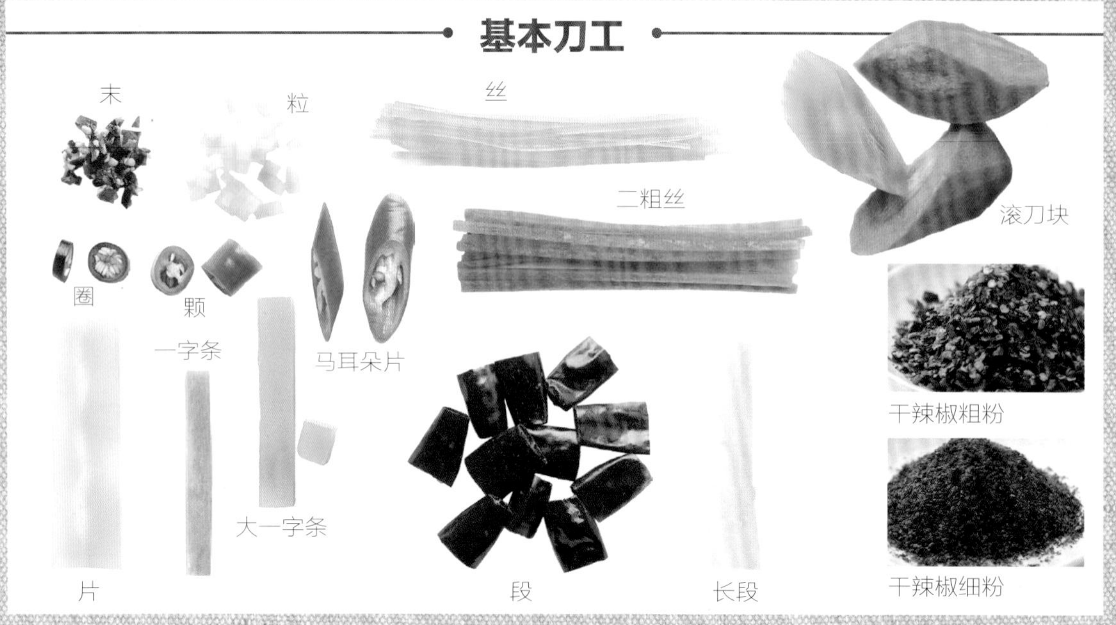

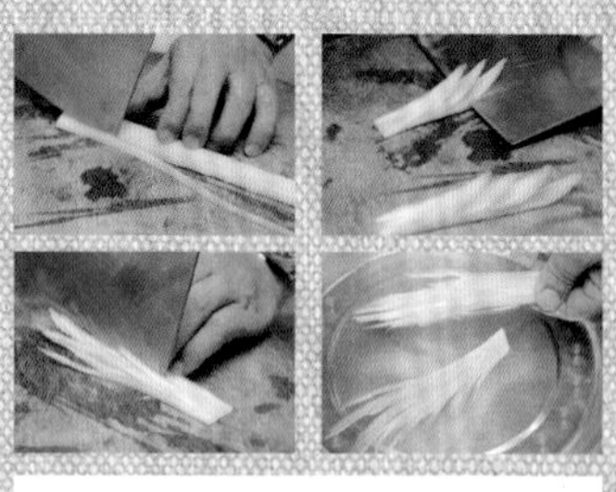

花式刀工

凤尾形花刀一

❶在原料上先斜刀切至原料厚度的2/3深度。

❷将原料转90°，第1、第2刀用直刀切至原料厚度的1/2并切断刀尖的1/3；就是原料靠身体这边2/3的长度只切到厚度的1/2，前面的1/3长度则是切断。

❸第3刀同样用直刀，完全切断。

❹重复动作2、动作3直到切完。

❺经加热后翻开成凤凰的3条尾羽状，造型栩栩如生。

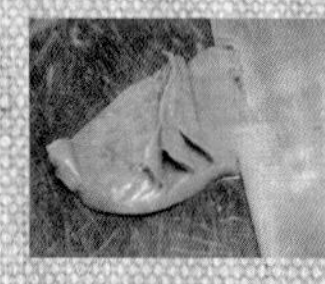

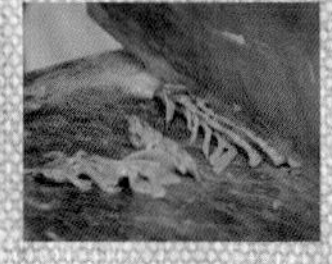

凤尾形花刀二

❶将原料修成整齐的长直条。

❷原料先斜刀切至厚度的2/3深度。

❸每4刀一断，即第1~3刀不切断，第4刀切断，重复此程序到切完。

❹将斜切4刀成段的原料转90°，斜刀切口朝身体，从原料前方1/5处开始，用刀尖往后划，将原料的后4/5划断，从右到左，视原料宽度，平均划4~5刀。

❺经加热或冷水浸泡后翻开成凤凰尾羽状，栩栩如生。

豆腐花刀

❶将日本豆腐切成6厘米长的段，修成方柱状。

❷在豆腐段前1/4处下刀，以直刀切断，视豆腐宽度切4~5刀。

❸将豆腐转90°，再次从豆腐段前1/4处下刀，以直刀切断，一样切4~5刀，即可切成宽约0.3厘米的一端相连的丝。

❹放入装有清汤的碗中，就能散开成菊花状，如图所示。

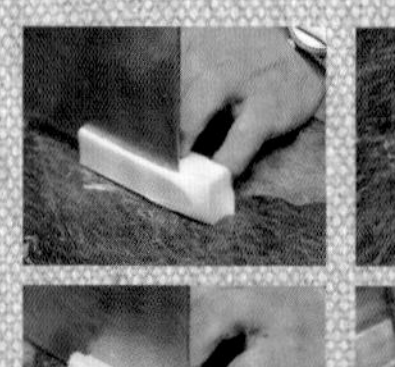

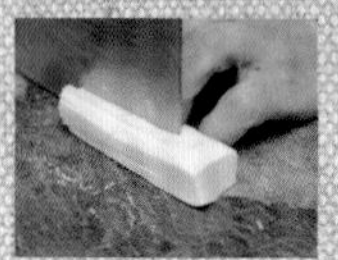